电子电路设计、仿真与制作

单片机技术及应用

（第 2 版）

周润景　蔺雨露　编著

电子工业出版社

Publishing House of Electronics Industry

北京·BEIJING

内 容 简 介

本书介绍了 25 个典型的单片机技术设计案例，包括数字电压表设计、直流电动机控制模块设计、步进电动机控制电路设计、电子密码锁设计、数字时钟电路设计、基于 DS18B20 的温度测量模块设计、信号发生器设计、基于模糊控制的温度控制电路设计、催眠电路设计、电子治疗仪电路设计、室内天然气泄漏报警装置设计、数控稳压电源设计、转速测量系统设计、电子烟花点火电路设计、乒乓球比赛模拟电路设计、数字频率计设计、多功能万年历设计、交通灯电路设计、函数发生器设计、太阳能手机充电器设计、心电信号检测与显示电路设计、脉搏信号检测与分析电路设计、基于单片机的电子秤设计、基于单片机的公交车自动报站器设计、计分器电路设计。这些案例均来源于作者多年的实际科研项目，具有很强的实用性。通过对本书的学习和实践，读者可以很快掌握常用单片机技术的基础知识及应用方法。

本书适合电子电路设计爱好者自学使用，也可作为高等学校相关专业课程设计、毕业设计及电子设计竞赛的指导书籍。

图书在版编目（CIP）数据

单片机技术及应用/周润景，蔺雨露编著 . —2 版 . —北京：电子工业出版社，2020.2
（电子电路设计、仿真与制作）
ISBN 978-7-121-38365-6

Ⅰ . ①单… Ⅱ . ①周… ②蔺… Ⅲ . ①单片微型计算机 Ⅳ . ①TP368.1

中国版本图书馆 CIP 数据核字（2020）第 021589 号

责任编辑：张　剑（zhang@ phei. com. cn）
文字编辑：康　霞
印　　刷：北京天宇星印刷厂
装　　订：北京天宇星印刷厂
出版发行：电子工业出版社
　　　　　北京市海淀区万寿路 173 信箱　邮编　100036
开　　本：787×1092　1/16　印张：19　字数：486.4 千字
版　　次：2017 年 7 月第 1 版
　　　　　2020 年 2 月第 2 版
印　　次：2025 年 1 月第 8 次印刷
定　　价：69.80 元

前　言

近年来，随着电子技术和计算机技术的迅速发展，单片机的应用领域也在不断扩大，已广泛应用于家用电器、办公自动化、智能产品、测控系统、智能接口、工业自动化、汽车电子和航空航天电子系统等领域，涵盖了人们生活的方方面面。因此，掌握单片机电路的设计技术已成为电子技术工程师必备的技能之一。本书以单片机电路的设计、分析和制作作为主线，围绕单片机应用中的具体案例进行讲解。

本书案例的选择经过了多方面考虑，涵盖 51 单片机应用的各个方面，每个案例都经作者亲自验证，并且都配有汇编语言或 C 语言的源代码，不仅编程规范，而且代码具有良好的可移植性，对单片机系统研发人员有非常高的参考价值，也可以为高等院校相关专业的师生在单片机系统教学实验、课程设计、毕业设计及电子设计竞赛等方面提供帮助。

本书结合 EDA 开发工具 Proteus 软件及 Keil 软件进行单片机电路的软、硬件联调，对电路进行仿真分析，并且可以通过改变元器件的参数使整个电路的性能达到最优化，这样不仅节省时间和经费，也提高了设计的效率和质量。

读者通过对本书的学习，可以借鉴作者的研发思路与实践经验，可以尽快取得最佳学习效果，减少了不必要的盲目摸索时间。无论从单片机入门与提高的角度来看，还是从实践性与技术性的角度来看，本书均有可圈可点之处。

本书每个项目均从设计任务、基本要求、模块详解、程序设计、电路原理图、调试与仿真等方面进行详细介绍，方便初学者快速入门，使读者在实践过程中提高自己发现问题、分析问题、解决问题的能力。

本书的内容大多来自作者的科研与实践，有关内容的讲解并没有过多的理论推导，而代之以实用的电路设计，因此实用是本书的一大特点。

本书力求做到精选内容，推陈出新；讲清基本概念、基本电路的工作原理和基本分析方法，语言生动精练，内容翔实，并且包含大量可供参考的案例。

本书由周润景、蔺雨露编著。其中，蔺雨露编写了项目 20 至项目 23，其余项目由周润景编写。

由于作者水平有限，书中难免存在一些错误、疏漏和不妥之处，敬请广大读者批评指正。

编著者

目　　录

项目 1 数字电压表设计

 设计任务

设计一个数字电压表，使其能够测量 0~5V 直流电压，4 位数码显示，精确到 0.01V。

 基本要求

可以将 0~5V 的模拟量转化成数字量，并用 4 位数码管显示出来，具体原理如下：
☺ 利用 AT89C51 单片机和 ADC0808，将模拟量转化为数字量，转化的结果为 0~255。
☺ 将转化出来的数字量在单片机上进行数据处理，使显示结果为 0~5 之间的数，并保留两位小数。
☺ 使用软件从 AT89C51 的 P2.4 端口输出 CLK 信号供 ADC0808 使用。
☺ 直接使用单片机驱动 LED 数码管。

 总体思路

数字电压表是采用数字化测量技术，把连续的模拟量（直流输入电压）转换成不连续、离散的数字形式并加以显示的仪表，其显示清楚、直观，读数的准确率和分辨率也都高。

系统组成

数字电压表主要分为 4 部分。
☺ 模拟电压测量部分：为整个电路提供被测的模拟电压（0~5V）。
☺ 模数转换部分：将被测模拟电压转换成数字量来让单片机进行数据处理。
☺ 单片机数据处理部分：对转化成的数字量进行译码处理，处理成相应的个位、十位和小数点位。

☺ 数码管显示部分：将单片机译码后的数字通过对多位数码管动态扫描显示到数码管上。

整个系统方案的模块框图如图 1-1 所示。

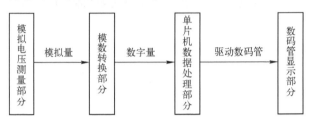

图 1-1　模块框图

 模块详解

1. 被测模拟电压电路

模拟电压测量部分由一个阻值为 $10k\Omega$ 的可调电位器和 5V 电源组成。电位器两端接到 5V 电源上，这样中间抽头所引出线的电压值为 0~5V 模拟电压，电路图如图 1~2 所示。

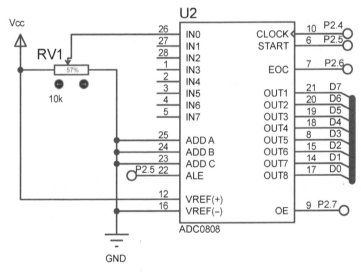

图 1-2　模数转换电路

2. 模数转换电路

本设计采用的是模拟通道 IN0 采集模拟量，模拟通道地址选择信号 ADD A、ADD B、ADD C 都接地，这样地址信号选中的转换通道为 IN0。地址锁存允许信号 ALE 为高电平有效。当此信号有效时，A、B、C 三位地址选择信号被锁存，译码选通对应模拟通道。模数转换（以下简称 A/D 转换）启动信号 START，正脉冲有效。ALE 和 START 信号连在一起，以便同时锁存通道地址和启动 A/D 转换。本电路设计的是单极电压输入，所以 VREF（+）正

2

参考电压输入端接+5V，用于提供片内DC电阻网络的基准电压。转换结束信号EOC在A/D转换过程中为低电平，转换结束时为高电平，与单片机的P2.6口相连，当其转换结束时，单片机读取数字转换结果。输出允许信号OE接单片机的P2.7口，高电平有效。当单片机将P2.7口置1时，ADC0808/0809的输出三态门被打开，使转换结果通过数据总线被读取。在中断工作方式下，该信号往往是CPU发出的中断请求响应信号。OUT1～OUT7为A/D转换后的数据输出端，为三态可控输出，故可直接和单片机的P1口的数据线连接。模数转换电路如图1-2所示。

3. 单片机电路

单片机电路主要用于进行内部程序处理，对采集到的数字量进行译码处理。其外围硬件电路包括晶振电路和复位电路。采用上拉电解电容上电复位电路。本设计采用的是HMOS型MCS-51振荡电路，当外接晶振时，C1和C2的值通常选择30pF。在设计印制电路板时，晶体和电容应尽可能安装在单片机附近，以减小寄生电容，保证振荡器稳定和可靠工作。单片机晶振采用12MHz。图1-3所示为单片机外围电路。

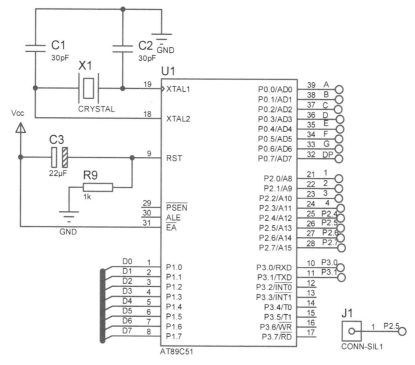

图1-3 单片机外围电路

4. 数码管显示电路

本设计采用的是4位一体的共阴数码管，用单片机的P0口驱动数码管的8位段选信号，P2.0～P2.3驱动数码管的4个位选信号。由于数码管是共阴的，所以每个信号都是由程序控制产生高电平来驱动显示电路的。段选口线接10kΩ的上拉电阻，保证电路能输出稳定的高电平。整个数码管显示采用多位数码管动态扫描显示的方法。图1-4所示为数码管显示电路。

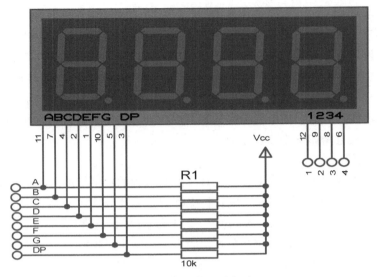

图 1-4　数码管显示电路

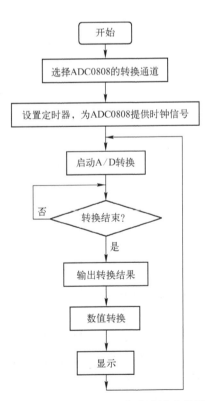

图 1-5　数字电压表的程序设计流程图

![](流程图文字: 开始 → 选择ADC0808的转换通道 → 设置定时器,为ADC0808提供时钟信号 → 启动A/D转换 → 转换结束? (否/是) → 输出转换结果 → 数值转换 → 显示)

程序设计

数字电压表的程序设计流程图如图 1-5 所示。

C 语言程序源代码

```c
#include <reg52. h>
#include <intrins. h>
sbit    EOC = P2^6;
sbit    START = P2^5;
sbit    OE = P2^7;
sbit    CLK = P2^4;
long int       a;
int b,c,d,e,f,g;              //定义长度为 7 的字符串
unsigned char code table[ ] = {0x3f,0x06,0x5b,0x4f,
0x66,0x6d,0x7d,0x07,0x7f,0x6f,0x80};
 void delay_display( unsigned int z)
                    //延时子程序
{
    unsigned int x,y;
    for(x = z;x>0;x--)
        for(y = 110;y>0;y--);
}
void ADC0808( )
{
if( ! EOC) //如果 EOC 为低电平,则产生一个脉冲,
            这个脉冲的下降沿用于启动 A/D 转换
    {
        START = 0;
        START = 1;
```

```
        START = 0;
    }
    while( ! EOC) ;                                  //等待 A/D 转换结束
START = 1;      //转换结束后,再产生一个脉冲,这个脉冲的下降沿用于将 EOC 置为低电平
                //为下一次转换做准备
        START = 0;
    while( EOC) ;
}
void bianma( )
{
    START = 0;
    ADC0808( ) ;
    a = P1 * 100;
    a = a/51;
}
void yima( )
{
                                                    //定义整型局域变量
    b = a/1000;                                     //取出千位
    c = a - b * 1000;                               //取出百位、十位、个位
    d = c/100;                                      //取出百位
    e = c - d * 100;                                //取出十位、个位
    f = e/10;                                       //取出十位
    g = e - f * 10;                                 //取出个位
}
void display( )                                     //显示子程序
{
    P2 = 0xfe;
    P0 = table[ b ] ;
    delay_display( 5 ) ;

    P2 = 0xfd;
    P0 = table[ d ] ;
    delay_display( 5 ) ;

    P2 = 0xfd;
    P0 = table[ 10 ] ;
    delay_display( 5 ) ;
    P2 = 0xfb;
    P0 = table[ f ] ;
    delay_display( 5 ) ;
    P2 = 0xf7;
    P0 = table[ g ] ;
    delay_display( 3 ) ;
}
void main( )
{
     EA = 1;
    TMOD = 0X02;
    TH0 = 216;
    TL0 = 216;
    TR0 = 1;
```

5

```
        ET0 = 1;
        while(1)
        {
            bianma( );
            yima( );
            display( );
        }
    }
    void t0( )  interrupt 1  using 0
    {
        CLK = ~ CLK;
    }
```

 ## 电路原理图

数字电压表的整体电路图如图 1-6 所示。

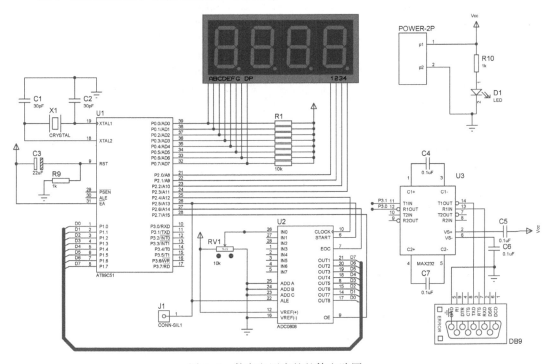

图 1-6　数字电压表的整体电路图

调试与仿真

图 1-7~图 1-9 是数字电压表仿真运行图。

数码显示电路 模数转换电路

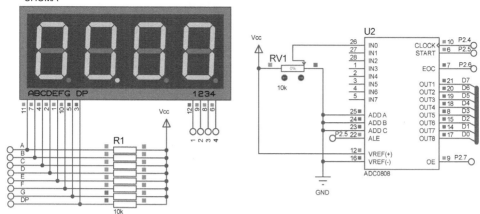

图 1-7　输入电压为 0V 时的仿真运行图

数码显示电路 模数转换电路

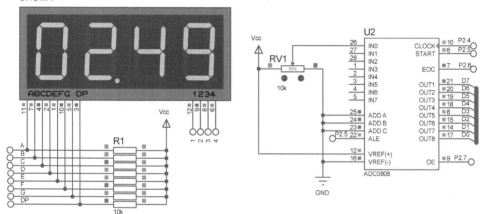

图 1-8　输入电压为 2.5V 时的仿真运行图

数码显示电路 模数转换电路

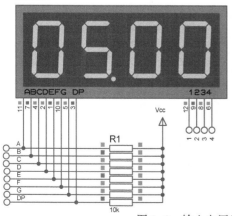 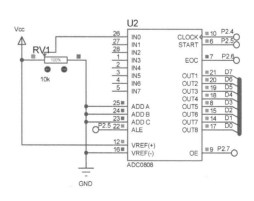

图 1-9　输入电压为 5V 时的仿真运行图

电路仿真结果分析：调节电位器 RV1 的阻值，使其在 0~10kΩ 之间变化，可以看到数码管显示的直流电压在 0~5V 之间，并且精确到 0.01V，从而完成数字电压表的设计。

 **PCB 版图**

电路板布线图（PCB 版图）如图 1-10 所示。

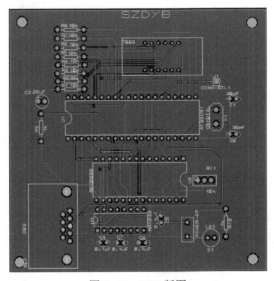

图 1-10　PCB 版图

 实物测试

数字电压表电路实物图如图 1-11 所示。

图 1-11　数字电压表电路实物图

8

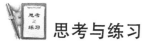

（1）为什么 P0 口要加上拉电阻？

答：因为 P0 口要驱动共阴数码管，加上拉电阻可以保证电路输出稳定、可靠的高电平。

（2）多位数码管动态显示的原理是什么？

答：各个数码管的段码都是由 P0 口输出的，即各个数码管在每一时刻输入的段码是一样的，为了使其显示不同的数字，可采用动态显示的方法，即先让最低位选通显示，经过一段延时，再让次低位选通显示，再延时，以此类推。由于视觉暂留，只要我们延时的时间足够短，就能使数码管的显示看起来稳定。

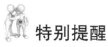 特别提醒

（1）在设计 PCB 时，晶体和电容应尽可能安装在单片机附近，以减小寄生电容，保证振荡器稳定、可靠地工作。为了提高稳定性，应采用 NPO 电容。

（2）在调试过程中，如果发现数码管的某些显示位显示不亮或闪烁，可以修改程序中数码显示的延时时间。

项目 2 直流电动机控制模块设计

 设计任务

直流电动机的工作原理是给电动机电枢线圈两端通电，通电线圈在磁极的作用下使电动机转子转动。PWM 波形可以控制电枢线圈两端电压的导通和关断，从而改变电枢线圈电压的平均值，进而达到改变转速的目的。本设计利用 AT89C51 单片机对直流电动机进行转速、旋转方向控制。用一单刀双掷开关控制直流电动机的旋转方向，用电位器通过 ADC0831 将模拟电压量转换为数字值，作为 PWM 波形的延时常数，从而控制电动机的转速。

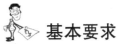 **基本要求**

☺ 用 AT89C51 单片机输出占空比固定的 PWM 波形，通过驱动电路使直流电动机按固定方向和固定转速旋转。

☺ 在以上基础上，外接一单刀双掷开关，用单片机判断开关的输入电平，进而控制直流电动机的旋转方向。

☺ 在以上基础上，用 ADC0831 对模拟量进行实时转换，用单片机读取转换值，作为PWM 波形的时间常数，用于调节 PWM 波形的占空比，进而调节电动机的转速。

总体思路

本设计主要考虑控制电动机的转速和转动方向。输出占空比可调的 PWM 波形可以调节单片机的转速，电动机的驱动电路采用差分电路，通过单片机判断开关状态输出不同的电平来控制电动机的转动方向。

系统组成

直流电动机调速电路主要分为 4 个部分。

☺ 被测模拟电压电路。该部分为整个电路提供被测的模拟电压 0~5V。

☺ 模数转换电路。该部分将被测模拟电压转换成数字量来让单片机进行数据处理。

☺ 单片机数据处理电路。该部分产生占空比可调的 PWM 波来驱动电动机。

☺ 电动机驱动电路。该部分采用三极管差分电路来驱动电动机。

整个系统方案的模块框图如图 2-1 所示。

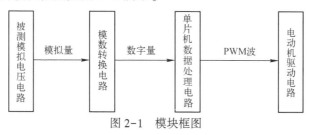

图 2-1　模块框图

 模块详解

1. 被测模拟电压电路

被测模拟电压电路由一个阻值为 10kΩ 的可调电位器和 5V 电源组成。电位器两端接到 5V 电源上，这样中间抽头所引出线的电压值就为 0~5V 的模拟电压，电路图如图 2-2 所示。

2. 模数转换电路

本设计中所用到的 ADC0831 为 8 位串行逐次逼近式 A/D 转换器。ADC0831 是具有 8 位分辨率的 A/D 转换器，它易作为微处理器接口或独立操作。VIN(+)和 VIN(-)为差分输入端，正向输入端接 5V 模拟电压，负向输入端接地。VREF 为参考电压输入端，和

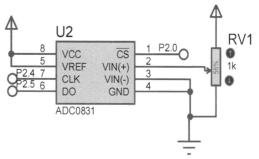

图 2-2　被测模拟电压电路

芯片的供电电压一起接 5V。数字量输出范围为 0~255。时钟信号输入由单片机编程使 P2.4 口产生脉冲信号，从而使 ADC0831 正常工作。A/D 转换数据输出送往单片机的 P2.5 口进行数据处理。ADC0831 的完整工作过程为：首先，将 ADC0831 的时钟线拉低，再将片选端 $\overline{CS}$ 置低，启动 A/D 转换器；然后，在第一个时钟信号的下降沿到来时，ADC0831 的数据输出端被拉低，准备输出转换数据；最后，从时钟信号的第 2 个下降沿到来开始，ADC0831 开始输出转换数据，直到第 9 个下降沿为止，共 8 位，输出的顺序为从最高位到最低位。

3. 单片机数据处理电路

单片机数据处理电路主要进行内部程序处理，对采集到的数字量进行译码处理。其外围硬件电路包括晶振电路和复位电路。复位电路采用上拉电解电容上电复位电路。本设计采用的是 HMOS 型 MCS-51 的振荡电路，当外接晶振时，C1 和 C2 的值通常选择 30pF。在设计印制电路板时，晶体和电容应尽可能安装在单片机附近，以减小寄生电容，保证振荡器稳定、可靠地工作。单片机晶振采用 12MHz。图 2-3 所示为单片机外围电路。

11

单片机的外围驱动信号为：单片机的 PWM 端（P3.7 口）输出高电平，再延时一段时间，延时常数为 $255-D_{out}$，再输出低电平，延时常数为 D_{out}，通过改变模拟输入电压的大小，就可以改变单片机 PWM 输出的占空比，从而达到调节电动机转速的目的。

单片机的 P3.2 口接一单刀双掷开关 SW1，在程序运行时查询开关所选通的电平，从而决定电动机的旋转方向（通过 DIR 端控制）。

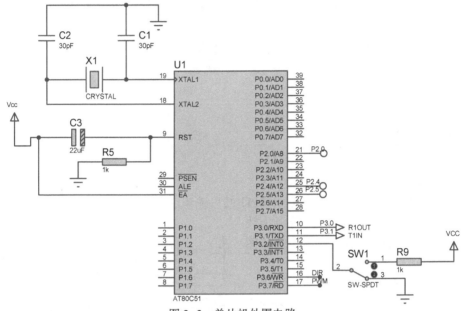

图 2-3　单片机外围电路

4. 电动机驱动电路

直流电动机驱动电路如图 2-4 所示，当 DIR 端输入高电平时，Q4 和 Q2 导通，Q1 和 Q3 关断，此时图中电动机左端为低电平，当 PWM 端输入低电平时，Q6 和 Q8 关断，Q5

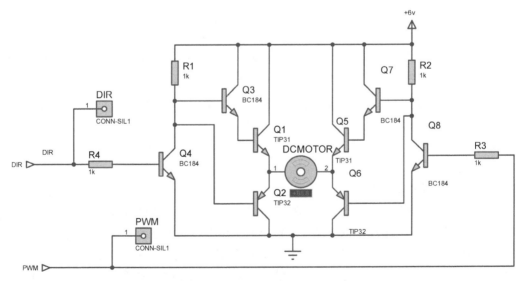

图 2-4　直流电动机驱动电路

12

和 Q7 导通，电流从 Q5 流向 Q2，电动机反转，而当 PWM 端输入高电平时，Q6 和 Q8 导通，Q5 和 Q7 关断，没有电流通过电动机；当 DIR 端输入低电平时，Q4 和 Q2 关断，Q3 和 Q1 导通，当 PWM 端为高电平时，Q8 和 Q6 导通，Q5 和 Q7 关断，电流从 Q1 流向 Q6，电动机正转，若 PWM 端为低电平，则 Q8 和 Q6 关断，没有电流通过电动机。总结一下，即当 DIR 端为高电平，PWM 端为低电平时，电动机反转；当 DIR 端为低电平，PWM 端为高电平时，电动机正转。

单片机的 P3.2 口接一单刀双掷开关，当开关输入高电平时，单片机的 DIR 端（P3.6 口）输出高电平，控制电动机正转；当开关输入低电平时，单片机的 DIR 端输出低电平，控制电动机反转。

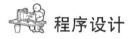 程序设计

直流电动机控制模块的程序设计流程图如图 2-5 所示。

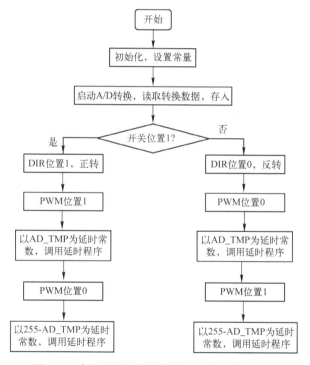

图 2-5 直流电动机控制模块的程序设计流程图

C 语言程序源代码

```
/********************************
包含文件,程序开始
********************************/
#include" reg52. h"
#include" intrins. h"
#define   uchar  unsigned char
```

13

```c
#define   uint   unsigned int
sbitCS = P2^0;
sbitCLK = P2^4;
sbitD0 = P2^5;
sbitPWM = P3^7;
sbitSW = P3^2;
sbitDIR = P3^6;
sbit    ACC0 = ACC^0;
uchar   AD_TMP,time;
```

/ ＊＊＊＊＊＊＊＊＊＊＊＊＊＊＊＊＊＊＊＊＊＊＊＊＊＊＊＊＊＊＊＊＊＊

有参延时函数

＊＊＊＊＊＊＊＊＊＊＊＊＊＊＊＊＊＊＊＊＊＊＊＊＊＊＊＊＊＊＊＊＊＊ /

```c
void delay( uchar ms)
{
    int i;
    while( ms--)
    {
      for( i = 0; i < 38; i++);
    }
}
```

/ ＊＊＊＊＊＊＊＊＊＊＊＊＊＊＊＊＊＊＊＊＊＊＊＊＊＊＊＊＊＊＊＊＊＊

ADC0831 转换数据读入函数

＊＊＊＊＊＊＊＊＊＊＊＊＊＊＊＊＊＊＊＊＊＊＊＊＊＊＊＊＊＊＊＊＊＊ /

```c
unsigned char AD_CONV( void)
{
 unsigned char i;
 unsigned char Data;
 CLK = 0;
 CS = 0;
 _nop_( );
 CLK = 1;
 _nop_( );
 CLK = 0;
 _nop_( );
CLK = 1;
 _nop_( );
CLK = 0;
 _nop_( );
 for( i = 8;i>0;i--)
     {
  Data<< = 1;
  if( D0)
  Data++;
  CLK = 1;
  _nop_( );
  CLK = 0;
  _nop_( );
}
 CS = 1;
 CLK = 0;
 for( i = 40;i>0;i--)
     {
```

```
      _nop_();
      }
  return (Data);
}
/ ***************************************
电动机正转函数
  ***************************************/
void POS()
    {
      DIR = 1;
      PWM = 1;
      time = AD_TMP;
      delay(time);
      PWM = 0;
      time = 255-time;
      delay(time);
    }
/ ***************************************
电动机反转函数
  ***************************************/
void NEG()
    {
      DIR = 0;
      PWM = 0;
      time = AD_TMP;
      delay(time);
      PWM = 1;
      time = 255-AD_TMP;
      delay(time);
    }
/ ***************************************
主函数
  ***************************************/
void main()
    {
      while(1)
        {
          AD_TMP = AD_CONV();
          SW = 1;
          if(SW == 1)
            POS();
          else
            NEG();
        }
    }
```

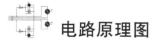 **电路原理图**

直流电动机控制模块整体电路图如图 2-6 所示。

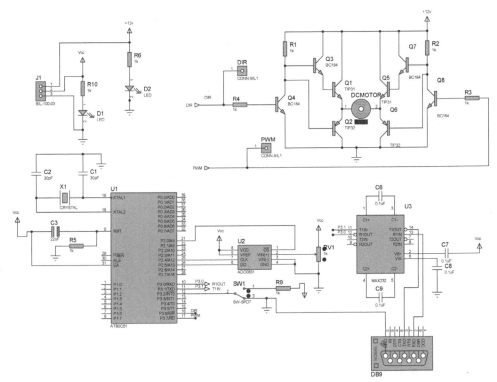

图 2-6　直流电动机控制模块整体电路图

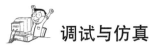 **调试与仿真**

将开关置 0，以电动机反转为例，调节 RV1，可以看到单片机在输入不同模拟电压时，P3.7 口输出占空比不同的 PWM 波形，如图 2-7~图 2-10 所示。

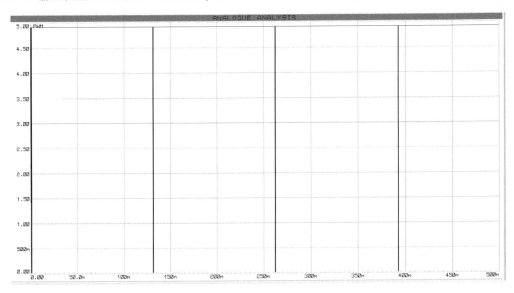

图 2-7　输入为 0V 时的 PWM 波形（反转）

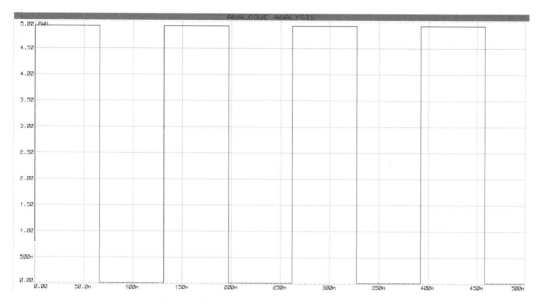

图 2-8　输入为 2.5V 时的 PWM 波形（反转）

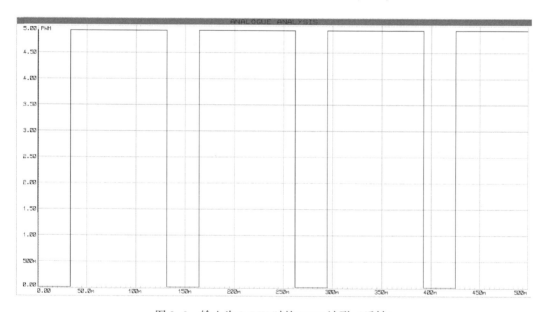

图 2-9　输入为 3.75V 时的 PWM 波形（反转）

　　当开关置 1，电动机正转，单片机输入电压为 2.5V 时，P3.7 口的 PWM 波形如图 2-11 所示。

　　电路仿真结果分析：上电时，电动机以一定的速度转动，调节电位器，改变控制电动机 PWM 波形的延时常数，即改变 PWM 波形的占空比，阻值增大时，模拟量增大，高电平占空比增大，电动机转速加快，反之，电动机转速减慢。

　　当改变单刀双掷开关的位置时，电动机逐渐减速并反向转动。反向转动时依然可以通过调节变阻器的大小来调节转速，当电压相同时，正转和反转的 PWM 波形对称。

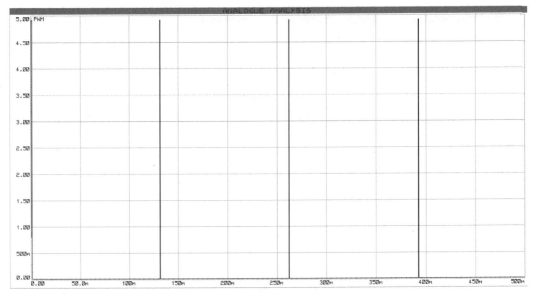

图 2-10　输入为 5V 时的 PWM 波形（反转）

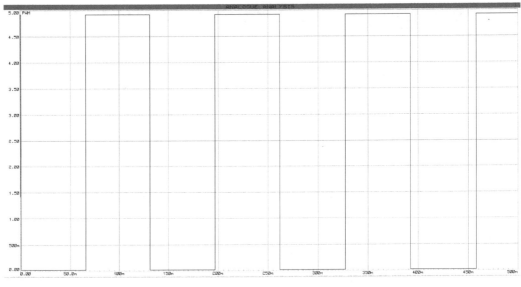

图 2-11　输入为 2.5V 时的 PWM 波形（正转）

 **PCB 版图**

电路板布线图（PCB 版图）如图 2-12 所示。

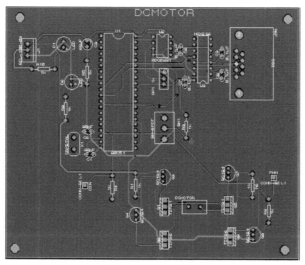

图 2-12　PCB 版图

 实物测试

直流电动机控制模块实物照片如图 2-13 所示。

图 2-13　直流电动机控制模块实物照片

 思考与练习

（1）本次设计为什么要采集模拟电压进行模数转换？

答：用 ADC0831 对模拟量进行实时转换，用单片机读取转换值，单片机的 PWM 端（P3.7 口）输出高电平，再延时一段时间，延时常数为 $255-D_{out}$，再输出低电平，延时常数为 D_{out}，这样通过改变模拟输入电压的大小，就可以改变单片机 PWM 输出的占空比，

19

用于调节 PWM 波形的占空比，进而调节电动机的转速。

(2) 在电动机驱动电路中，NPN 三极管 TIP31NPN 和三极管 BC184 能够相互代替吗？

答：不能。其功率不同，TIP31NPN 是大功率管（40W），而 BC184 是小功率管（0.35W）。

 特别提醒

(1) 在设计印制电路板时，晶体和电容应尽可能安装在单片机附近，以减小寄生电容，保证振荡器稳定、可靠地工作。为了提高稳定性，应采用 NPO 电容。

(2) 焊接 PCB 前，先检查 PCB 有无短路现象，一般要看电源线和地线有无短路，信号线和电源线、信号线和地线有无短路。

项目 3　步进电动机控制电路设计

 设计任务

5线式步进电动机有4相线圈，对4相线圈按合适的时序通电，就能使步进电动机转动。本设计利用 AT89C51 单片机实现对步进电动机的控制；编写程序，用单片机的4路I/O 通道实现环形脉冲的分配，用于控制步进电动机的转动，通过按键控制步进电动机的旋转角度。

 基本要求

◎ 利用 AT89C51 单片机实现对步进电动机的控制；编写程序，用单片机的4路I/O 通道实现环形脉冲的分配，控制步进电动机按固定方向连续转动。
◎ 在上述设计要求的基础上，单片机外接两个按键：
  ➢ "POSITIVE" 键每按下一次，控制步进电动机正转5.625°，长按下时电动机持续正转；
  ➢ "NEGATIVE" 键每按下一次，控制步进电动机反转5.625°，长按下时电动机持续反转；
  ➢ 按键放开时，电动机应停止转动。

 总体思路

单片机编程实现4个I/O口输出环形脉冲，然后4路环形脉冲分配给达林顿管作为4路输入，达林顿管的输出作为励磁电流驱动步进电动机转动。

系统组成

步进电动机控制电路主要分为以下3个部分。
  ◎ 单片机电路：编程实现4路环形脉冲的输出。
  ◎ 达林顿管输出的脉冲电流作为步进电动机的励磁电流驱动步进电动机。

☺ 步进电动机控制电路：控制步进电动机的正转、反转、持续正转和持续反转，以及停转。

整个系统方案的模块框图如图3-1所示。

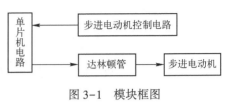

图3-1 模块框图

模块详解

1. 步进电动机控制电路

"POSITIVE"键控制步进电动机正转一下和连续正转，"NEGATIVE"键控制步进电动机反转一下和连续反转。当键被按下时，P0.0和P0.1输入低电平；键没有被按下时，上拉电阻和按钮两端并联的反向二极管使P0.0和P0.1输入稳定、可靠的高电平。图3-2所示为步进电动机控制电路。

2. 步进电动机驱动电路

步进电动机驱动电路如图3-3所示。ULN2003A

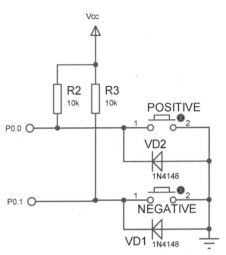

图3-2 步进电动机控制电路

是集成达林顿管IC，其内部还集成了一个消线圈反电动势的二极管，可用来驱动继电器。ULN2003A是一个非门电路，包含7个单元，每个单元的驱动电流最大可达350mA。ULN2003A是大电流驱动阵列，多用于单片机、智能仪表、PLC、数字量输出卡等控制电路中，可直接驱动继电器等负载。如图3-3所示，达林顿管的1B、2B、3B、4B分别接单片机的P2.0、P2.1、P2.2、P2.3，单片机编程输出环形脉冲电流，通过达林顿管放大，使放大后的脉冲电流1C、2C、3C、4C接步进电动机的两相励磁线圈来驱动步进电动机。

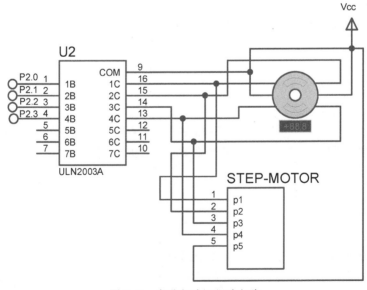

图3-3 步进电动机驱动电路

3. 步进电动机驱动原理

本设计采用的步进电动机为 5 线式，其控制方式为以脉冲电流来驱动。若每旋转一圈以 20 个励磁信号计算，则每个励磁信号前进 18°，其旋转角度与脉冲数成正比，正、反转可由脉冲顺序来控制。本设计采用的步进电动机驱动方法为半步励磁，又称 1~2 相励磁。这种励磁方法为每一个瞬间有一个线圈和两个线圈交替导通。因分辨率提高且运转平滑，每旋转一圈有 64 个励磁信号，故步距角是 5.625°。若以 1~2 相励磁法控制步进电动机正转，则其励磁顺序如表 3-1 所示。若励磁信号反向传送，则步进电动机反转。

表 3-1　正转励磁顺序：A→AB→B→BC→C→CD→D→DA→A

步骤	A	B	C	D
1	1	0	0	0
2	1	1	0	0
3	0	1	0	0
4	0	1	1	0
5	0	0	1	0
6	0	0	1	1
7	0	0	0	1
8	1	0	0	1

当 "POSITIVE" 键被按下时，单片机的 P2.3 口到 P2.0 口按正向励磁顺序 A→AB→B→BC→C→CD→D→DA→A 输出电脉冲，电动机正转；当 "NEGATIVE" 键被按下时，单片机的 P2.3 口到 P2.0 口按反向励磁顺序 A→DA→D→CD→C→BC→B→AB→A 输出电脉冲，电动机反转。

4. 单片机外围电路

单片机外围电路如图 3-4 所示。其外围电路包括晶振电路和复位电路。复位电路采用上拉电解电容上电复位电路。本设计采用的是 HMOS 型 MCS-51 的振荡电路，当外接晶振时，C1 和 C2 的值通常选择 30pF。在设计印制电路板时，晶体和电容应尽可能安装在单片机附近，以减小寄生电容，保证振荡器稳定和可靠地工作。单片机晶振采用 12MHz。

单片机工作时，当外接控制电路 "POSITIVE" 键被按下时，单片机编程使 P2.3 口到 P2.0 口按正向励磁顺序 A→AB→B→BC→C→CD→D→DA→A 输出电脉冲，电动机正转；当 "NEGATIVE" 键被按下时，单片机编程使 P2.3 口到 P2.0 口按反向励磁顺序 A→DA→D→CD→C→BC→B→AB→A 输出电脉冲，电动机反转。

 程序设计

步进电动机控制电路程序流程图如图 3-5 所示。

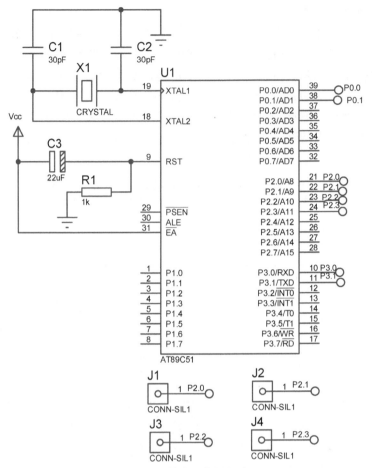

图 3-4　单片机外围电路

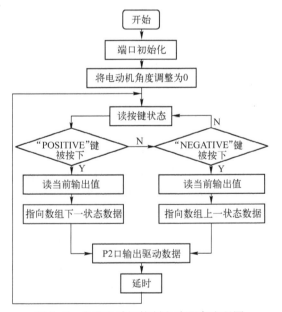

图 3-5　步进电动机控制电路程序流程图

C 语言程序源代码

```
/ ********************************************
包含文件,程序开始
********************************************/
#include <reg51. h>
#define uchar unsigned char
#define uint   unsigned int
sbit a = P0^0;
sbit b = P0^1;
uchar code TAB[8] = {0x02,0x06,0x04,0x0c,0x08,0x09,0x01,0x03};
char i,j;
/ ********************************************
延时子程序
********************************************/
void delay(uint t)
{
    uint k;
    while( t-- )
    {
      for( k = 0; k<125; k++)
      { }
    }
}
/ ********************************************
带返回值的当前励磁状态检测函数
********************************************/
uchar read_tab( )
{
    uchar test;
    test = P2;
    test& = 0x0f;
    switch (test)
      {
        ccase 0x02;i = 0;break;
        case 0x06;i = 1;break;
        case 0x04;i = 2;break;
        case 0x0c;i = 3;break;
        case 0x08;i = 4;break;
        case 0x09;i = 5;break;
        case 0x01;i = 6;break;
        case 0x03;i = 7;break;
        default;break;
          }
      return(i);
}
/ ********************************************
主函数
********************************************/
void main( )
{
    P2 = 0xff;
```

25

```
          P0 = 0x03;
          while( 1 )
              {
              if( a = = 0 )
                  {
                  i = read_tab( );
                  i = i+1;
                  if( i = = 8 )
                  i = 0;
                  P2 = TAB[ i ];
                  delay( 2 );
                  }
              if( b = = 0 )
                  {
                  i = read_tab( );
                  i = i-1;
                  if( i<0 )
                  i = 7;
                  P2 = TAB[ i ];
                  delay( 2 );
                  }
              }
          }
```

电路原理图

步进电动机控制电路整体电路原理图如图 3-6 所示。

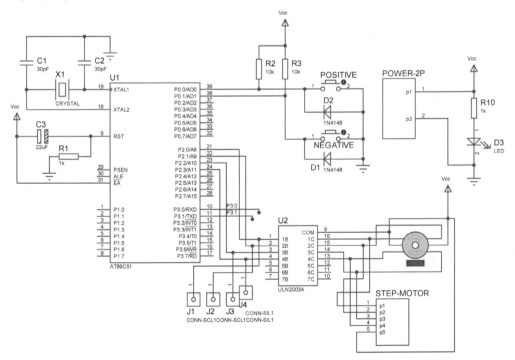

图 3-6　步进电动机控制电路整体电路原理图

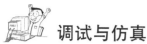 **调试与仿真**

按下"POSITIVE"键，以步进电动机正转为例，使用 PROTEUS 的波形分析功能，分析 ULN2003A 的 1B、2B、3B、4B 端口波形，即步进电动机驱动信号的波形如图 3-7 所示。

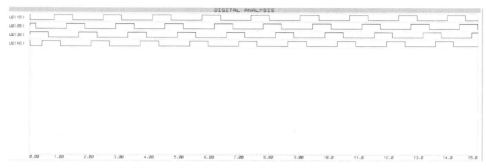

图 3-7　步进电动机驱动信号的波形（正转）

电路仿真结果分析：上电，不按控制按钮，步进电动机不转，如果按一下正转按钮，则电动机正转一个步距角 5.625°，长按正转按钮，电动机持续正转；按一下反转按钮，电动机反转一个步距角 5.625°，长按反转按钮，电动机持续反转。由图 3-7 所示的波形可以看到，步进电动机的驱动序列为（4B-1B）：0010，0110，0100，1100，1000，1001，0001，0011，0010…

 PCB 版图

电路板布线图（PCB 版图）如图 3-8 所示。

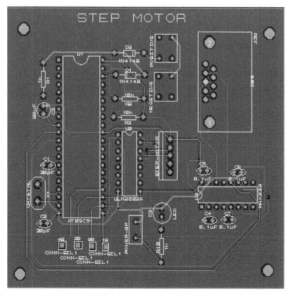

图 3-8　PCB 版图

步进电动机控制电路实物照片如图 3-9 所示。

图 3-9　步进电动机控制电路实物照片

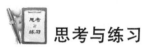 **思考与练习**

（1）单片机编程输出脉冲时，为什么要延时？

答：电动机的负载转矩与速度成反比，速度越快，负载转矩越小，当速度快至其极限时，步进电动机即不再运转，所以在每走一步后，程序必须延时一段时间，以对转速加以限制。

（2）步进电动机控制电路中，按键两端为什么要并联二极管？

答：当按键被按下时，P0.0 和 P0.1 输入低电平；当按键没有被按下时，上拉电阻和按键两端并联的反向二极管使 P0.0 和 P0.1 输入稳定、可靠的高电平。

（3）达林顿管为什么可以直接驱动电动机？

答：达林顿管内部相当于一个复合三极管，属于高耐压、大电流驱动阵列。

 特别提醒

（1）在设计印制电路板时，晶体和电容应尽可能安装在单片机附近，以减小寄生电容，保证振荡器稳定、可靠地工作。为了提高稳定性，应采用 NPO 电容。

（2）焊接 PCB 前，先检查 PCB 有无短路现象，一般要看电源线和地线有无短路，信号线和电源线、信号线和地线有无短路。

（3）焊接 PCB 时，注意电解电容的极性。

项目 4 电子密码锁设计

设计任务

本设计完成以 AT89C52 为主控芯片的单片机密码锁，其硬件部分由单片机主控器电路、液晶显示电路、矩阵键盘电路、继电器驱动电路、E²PROM 寄存电路、报警电路组成；软件部分由程序主函数、初始化程序、液晶显示子程序、矩阵键盘子程序、E²PROM 存储子程序组成，能实现输入正确的密码即可打开锁的功能。

基本要求

☺ 该设计采用 AT89C52 芯片实现对按键的输入判断和液晶显示的功能。
☺ 设计应具有可更改密码、寄存设置的密码、显示开锁状态等功能。
☺ 依据需求可扩展实现继电器驱动不同的锁，以及 3 次密码错误自动锁死的功能。
☺ 当忘记密码时，可通过输入管理员密码将密码锁初始化。

总体思路

以 AT89C52 单片机为主控制单元，键盘为主要输入单元，结合开锁装置、报警器和显示器完成整个系统的设计。

系统组成

系统由最小系统模块、蜂鸣器模块、继电器模块、矩阵键盘模块、AT24C02 模块、液晶模块、晶振电路模块、复位电路模块组成。

模块详解

1. AT89C52 单片机
AT89C52 是一种低功耗、高性能 CMOS 8 位微控制器，具有 8K 在系统可编程 Flash

存储器。单芯片上拥有灵巧的 8 位 CPU 和在系统可编程 Flash，使得 AT89C52 可为众多嵌入式控制应用系统提供高灵活、超有效的解决方案。它具有以下标准功能：8KB Flash，512B RAM，32 位 I/O 口线，看门狗定时器，内置 8KB E²PROM，MAX810 复位电路，3 个 16 位定时器/计数器，一个 6 向量 2 级中断结构，全双工串行口。另外，AT89C52 可降至 0Hz 静态逻辑操作，支持两种软件可选择节电模式。空闲模式下，CPU 停止工作，允许 RAM、定时器/计数器、串口、中断继续工作；掉电保护模式下，RAM 内容被保存，振荡器被冻结，单片机停止一切工作，直到下一个中断或硬件复位为止。最高运作频率为 35MHz，6T/12T 可选。AT89C52 单片机外围电路如图 4-1 所示。

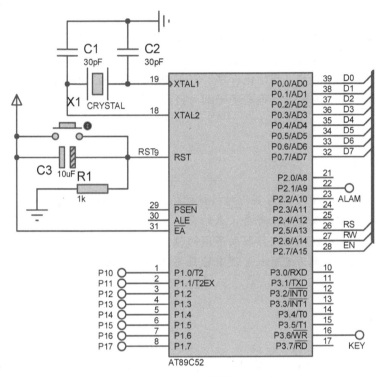

图 4-1 AT89C52 单片机外围电路

2. 液晶显示电路

LCD1602 字符型模块的性能如下。

质量轻：<100g。

体积小：厚度小于 11mm。

功耗低：10~15mW。

显示内容：192 种字符（5×7 点字型）。

32 种字符（5×10 点字型）。

可自编 8（5×7）或（5×10）种字符。

指令功能强：可组合成各种输入、显示、移位方式以满足不同的要求。

接口简单、方便：可与 8 位微处理器或微控制器相连。

工作温度宽：0~50℃。

可靠性高；寿命为 50000 小时（25℃）。

液晶显示电路如图 4-2 所示。

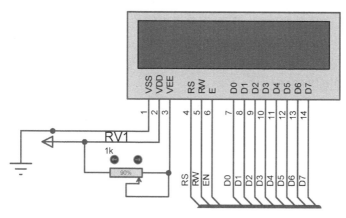

图 4-2　液晶显示电路

3. 矩阵键盘设计电路

每一条水平线（行线）与垂直线（列线）的交叉处不相通，通过一个按键连通，利用这种行列式矩阵结构只需要 M 条行线和 N 条列线，即可组成具有 $M \times N$ 个按键的键盘。由于本设计中要求使用 16 个按键输入，为减少键盘与单片机接口时所占用的 I/O 线的数目，故使用矩阵键盘。本设计中，矩阵键盘的行线和单片机的 P1.0~P1.3 相连，列线与单片机的 P1.4~P1.7 相连。

键盘扫描采用行扫描法，即依次置行线中的每一行为低电平，其余均为高电平，扫描列线电平状态为低电平，即表示该键被按下。矩阵式键盘模块如图 4-3 所示。

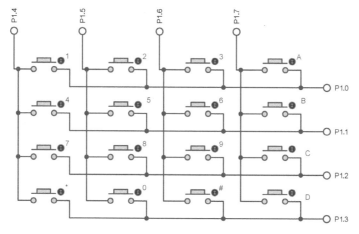

图 4-3　矩阵式键盘模块

4. 声音提示电路设计

声音提示电路采用小蜂鸣器提示。蜂鸣器能够根据脉冲信号及信号的频率发出各种不同的声音，这样可以根据系统要求在密码输入正确和密码输入错误时发出不同的声音提示，以达到报警的要求。蜂鸣器驱动电路如图 4-4 所示。

5. AT24C02 掉电存储单元

本设计中掉电存储单元采用 AT24C02 外部存储器，其作用是在系统电源断开的时候，存储当前设定的密码数据。

AT24C02 是一个 2K 位串行 CMOS E²PROM，内部含有 256 个 8 位字节，含一个 16 字节页写缓冲器，具有写保护功能。其采用两线串行的总线和单片机通信，电压最低可达到 2.5V，额定电流为 1mA，静态电流为 10μA(5.5V)，芯片内的资料可以在断电的情况下保存 40 年以上，而且采用 8 脚的 DIP 封装，使用方便。AT24C02 引脚示意图如图 4-5 所示。AT24C02 引脚说明见表 4-1。

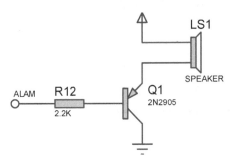

图 4-4　蜂鸣器驱动电路

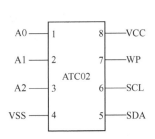

图 4-5　AT24C02 引脚示意图

表 4-1　AT24C02 引脚说明

引 脚 名 称	功　　能	引 脚 名 称	功　　能
A0 A1 A2	器件地址选择	SDA	串行数据/地址
SCL	串行时钟信号	WP	写保护
VCC	1.8~6.0V 工作电压	VSS	接地

本设计中，AT24C02 的 SCL 和 SDA 引脚接上拉电阻后与单片机的 P3.4(T0) 和 P3.5(T1) 脚相连，其电路如图 4-6 所示。

 程序设计

电子密码锁程序设计流程图如图 4-7 所示。

C 语言程序源代码

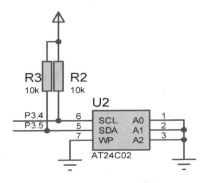

图 4-6　AT24C02 掉电
存储单元设计图

```
#include <reg51.h>
#include <intrins.h>
#define LCM_Data   P0
#define uchar unsigned char
#define uint   unsigned int
#define w 6                        //定义密码位数
sbit lcd1602_rs=P2^5;
sbit lcd1602_rw=P2^6;
```

32

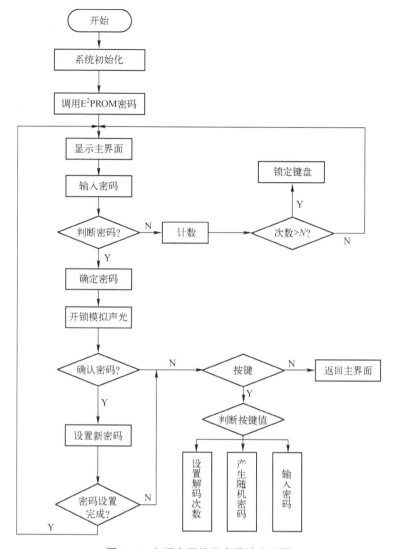

图 4-7   电子密码锁程序设计流程图

```
sbit lcd1602_en = P2^7;
sbit Scl = P3^4;                                        //AT24C02 串行时钟
sbit Sda = P3^5;                                        //AT24C02 串行数据
sbit ALAM = P2^1;                                       //报警
sbit KEY = P3^6;                                        //开锁
sbit open_led = P2^2;                                   //开锁指示灯
bit   operation = 0;                                    //操作标志位
bit   pass = 0;                                         //密码正确标志
bit   ReInputEn = 0;                                    //重置输入允许标志
bit   s3_keydown = 0;                                   //3s 按键标志位
bit   key_disable = 0;                                  //锁定键盘标志
unsigned char countt0,second;                           //t₀中断计数器,秒计数器
void Delay5Ms(void);
unsigned char code a[] = {0xFE,0xFD,0xFB,0xF7};         //键盘扫描控制表
unsigned char code start_line[] = {"password:         "};
unsigned char code name[] = {" = = = Coded Lock = = = "};   //显示名称
```

33

```c
unsigned char code Correct[] = {"     correct     "};        //输入正确
unsigned char code Error[] = {"     error     "};           //输入错误
unsigned char code codepass[] = {"        pass        "};
unsigned char code LockOpen[] = {"         open         "};     //打开
unsigned char code SetNew[] = {"SetNewWordEnable"};
unsigned char code Input[] = {"input:          "};           //输入
unsigned char code ResetOK[] = {"ResetPasswordOK"};
unsigned char code initword[] = {"Init password..."};
unsigned char code Er_try[] = {"error,try again!"};
unsigned char code again[] = {"input again      "};
unsigned char InputData[6];                                 //输入密码暂存区
unsigned char CurrentPassword[6] = {1,3,1,4,2,0};            //当前密码值
unsigned char TempPassword[6];
unsigned char N = 0;                                        //密码输入位数计数
unsigned char ErrorCont;                                    //错误次数计数
unsigned char CorrectCont;                                  //正确输入计数
unsigned char ReInputCont;                                  //重新输入计数
unsigned char code initpassword[6] = {0,0,0,0,0,0};
//==================5ms 延时===================
void Delay5Ms(void)
{
    unsigned int TempCyc = 5552;
    while(TempCyc--);
}
//==================400ms 延时===================
void Delay400Ms(void)
{
 unsigned char TempCycA = 5;
 unsigned int TempCycB;
 while(TempCycA--)
 {
  TempCycB = 7269;
  while(TempCycB--);
 }
}
//==================AT24C02===================
void mDelay(uint t)                                         //延时
{
    uchar i;
    while(t--)
    {
        for(i=0;i<125;i++)
        {;}
    }
}
  void Nop(void)                                            //空操作
{
  _nop_();
  _nop_();
  _nop_();
  _nop_();
}
```

```c
/* 起始条件 */
void Start(void)
{
    Sda = 1;
    Scl = 1;
    Nop();
    Sda = 0;
    Nop();
}
/* 停止条件 */
void Stop(void)
{
    Sda = 0;
    Scl = 1;
    Nop();
    Sda = 1;
    Nop();
}
/* 应答位 */
void Ack(void)
{
    Sda = 0;
    Nop();
    Scl = 1;
    Nop();
    Scl = 0;
}
/* 反向应答位 */
void NoAck(void)
{
    Sda = 1;
    Nop();
    Scl = 1;
    Nop();
    Scl = 0;
}
/* 发送数据子程序,Data 为要求发送的数据 */
void Send(uchar Data)
{
    uchar BitCounter = 8;
    uchar temp;
    do
    {
        temp = Data;
        Scl = 0;
        Nop();
        if((temp&0x80) == 0x80)
        Sda = 1;
        else
        Sda = 0;
        Scl = 1;
        temp = Data<<1;
```

35

```
            Data=temp;
            BitCounter--;
        }
    while(BitCounter);
    Scl=0;
}
/*读1字节的数据,并返回该字节值*/
uchar Read(void)
{
    uchar temp=0;
    uchar temp1=0;
    uchar BitCounter=8;
    Sda=1;
    do{
    Scl=0;
    Nop();
    Scl=1;
    Nop();
    if(Sda)
    temp=temp|0x01;
    else
    temp=temp&0xfe;
    if(BitCounter-1)
    {
    temp1=temp<<1;
    temp=temp1;
    }
    BitCounter--;
    }
    while(BitCounter);
    return(temp);
    }
void WrToROM(uchar Data[],uchar Address,uchar Num)
{
    uchar i;
    uchar *PData;
    PData=Data;
    for(i=0;i<Num;i++)
    {
    Start();
    Send(0xa0);
    Ack();
    Send(Address+i);
    Ack();
    Send(*(PData+i));
    Ack();
    Stop();
    mDelay(20);
    }
}
void RdFromROM(uchar Data[],uchar Address,uchar Num)
{
```

```
    uchar i;
    uchar * PData;
    PData = Data;
    for(i = 0;i<Num;i++)
    {
    Start( );
    Send( 0xa0);
    Ack( );
    Send( Address+i);
    Ack( );
    Start( );
    Send( 0xa1);
    Ack( );
    * ( PData+i) = Read( );
    Scl = 0;
    NoAck( );
    Stop( );
    }
}
//=====================LCD1602===============
#define yi 0x80        //LCD 第一行的初始位置,因为 LCD1602 字符地址的首位 D7 恒定为 1
( 100000000 = 80)
#define er 0x80+0x40 //LCD 第二行的初始位置(因为第二行第一个字符位置地址是 0x40)
//-----------------延时函数,后面经常调用-------------------
void delay( uint xms)            //延时函数,有参函数
{
    uint x,y;
    for( x = xms;x>0;x--)
     for( y = 110;y>0;y--);
}
//----------------------写指令-----------------------
void write_1602com( uchar com) //**** 液晶写入指令函数 ****
{
    lcd1602_rs = 0;          //数据/指令选择置为指令
    lcd1602_rw = 0;          //读/写选择置为写
    P0 = com;                //送入数据
    delay( 1);
    lcd1602_en = 1;          //拉高使能端,为制造有效的下降沿做准备
    delay( 1);
    lcd1602_en = 0;          //en 由高变低,产生下降沿,液晶执行命令
}
//-----------------------写数据-----------------------
void write_1602dat( uchar dat)  //*** 液晶写入数据函数 ****
{
    lcd1602_rs = 1;          //数据/指令选择置为数据
    lcd1602_rw = 0;          //读/写选择置为写
    P0 = dat;                //送入数据
    delay( 1);
    lcd1602_en = 1;          //en 置高电平,为制造下降沿做准备
    delay( 1);
    lcd1602_en = 0;          //en 由高变低,产生下降沿,液晶执行命令
}
```

37

```c
//----------------------------初始化------------------------
void lcd_init(void)
{
    write_1602com(0x38);        //设置液晶工作模式,意思是16×2行显示,5×7点阵,8位数据
    write_1602com(0x0c);        //开显示不显示光标
    write_1602com(0x06);        //整屏不移动,光标自动右移
    write_1602com(0x01);        //清显示
}
//==============将按键值编码为数值=================
unsigned char coding(unsigned char m)
{
    unsigned char k;
        switch(m)
        {
        case (0x11): k=1;break;
        case (0x21): k=2;break;
        case (0x41): k=3;break;
        case (0x81): k='A';break;
        case (0x12): k=4;break;
        case (0x22): k=5;break;
        case (0x42): k=6;break;
        case (0x82): k='B';break;
        case (0x14): k=7;break;
        case (0x24): k=8;break;
        case (0x44): k=9;break;
        case (0x84): k='C';break;
        case (0x18): k=' * ';break;
        case (0x28): k=0;break;
        case (0x48): k='#';break;
        case (0x88): k='D';break;
        }
    return(k);
}
//====================按键检测并返回按键值============
unsigned char keynum(void)
{
    unsigned char row,col,i;
    P1=0xf0;
    if((P1&0xf0)!=0xf0)
    {
        Delay5Ms();
        Delay5Ms();
        if((P1&0xf0)!=0xf0)
        {
        row=P1^0xf0;                //确定行线
            i=0;
            P1=a[i];                //精确定位
            while(i<4)
            {
                if((P1&0xf0)!=0xf0)
                {
                    col=~(P1&0xff);     //确定列线
```

38

```
                    break;              //已定位后提前退出
                }
            else
                {
                    i++;
                    P1 = a[i];
                }
            }
        }
    else
        {
            return 0;
        }
        while((P1&0xf0)! = 0xf0);
    return (row|col);                //行线与列线组合后返回
    }
    else return 0;                   //无键被按下时返回 0
}
//==================一声提示音,表示有效输入==========
void OneAlam(void)
{
    ALAM = 0;
    Delay5Ms();
    ALAM = 1;
}
//===================二声提示音,表示操作成功===========
void TwoAlam(void)
{
    ALAM = 0;
    Delay5Ms();
    ALAM = 1;
    Delay5Ms();
    ALAM = 0;
    Delay5Ms();
    ALAM = 1;
}
//===================三声提示音,表示错误=============
void ThreeAlam(void)
{
    ALAM = 0;
    Delay5Ms();
    ALAM = 1;
    Delay5Ms();
    ALAM = 0;
    Delay5Ms();
    ALAM = 1;
    Delay5Ms();
    ALAM = 0;
    Delay5Ms();
    ALAM = 1;
}
//================显示输入的 N 个数字,用 H 代替以便隐藏=======
```

```c
void DisplayOne( void )
{
//      DisplayOneChar( 9+N,1,' * ' ) ;
        write_1602com( yi+5+N ) ;
        write_1602dat(' * ') ;
}
//====================显示提示输入================
void DisplayChar( void )
{
    unsigned char i;
    if( pass = = 1 )
    {
        //DisplayListChar( 0,1,LockOpen) ;
        write_1602com( er ) ;
        for( i=0;i<16;i++)
        {
            write_1602dat( LockOpen[i] ) ;
        }
    }
    else
    {
        if( N = =0 )
        {
            //DisplayListChar( 0,1,Error) ;
            write_1602com( er ) ;
            for( i=0;i<16;i++)
            {
                write_1602dat( Error[i] ) ;
            }
        }
        else
        {
            //DisplayListChar( 0,1,start_line) ;
            write_1602com( er ) ;
            for( i=0;i<16;i++)
            {
                write_1602dat( start_line[i] ) ;
            }
        }
    }
}
void DisplayInput( void )
{
    unsigned char i;
    if( CorrectCont = = 1 )
    {
        //DisplayListChar( 0,0,Input) ;
        write_1602com( er ) ;
        for( i=0;i<16;i++)
        {
            write_1602dat( Input[i] ) ;
        }
```

40

```c
        }
}
//==========================重置密码==============
void ResetPassword( void)
{
    unsigned char i;
    unsigned char j;
    if( pass = = 0)
    {
        pass = 0;
        DisplayChar( );
        ThreeAlam( );
    }
    else
    {
    if( ReInputEn = = 1)
        {
            if( N = = 6)
            {
                ReInputCont++;
                if( ReInputCont = = 2)
                {
                    for( i = 0; i<6; )
                    {
                    if( TempPassword[ i] = = InputData[ i])     //将两次输入的新密码进行对比
                            i++;
                        else
                        {
                            //DisplayListChar( 0, 1, Error) ;
                            write_1602com( er) ;
                            for( j = 0; j<16; j++)
                            {
                                write_1602dat( Error[ j] ) ;
                            }
                            ThreeAlam( );          //错误提示
                            pass = 0;
                            ReInputEn = 0;          //关闭重置功能
                            ReInputCont = 0;
                            DisplayChar( ) ;
                            break;
                        }
                    }
                    if( i = = 6)
                    {
                        //DisplayListChar( 0, 1, ResetOK) ;
                        write_1602com( er) ;
                        for( j = 0; j<16; j++)
                        {
                            write_1602dat( ResetOK[ j] ) ;
                        }

                        TwoAlam( );                    //操作成功提示
```

41

```c
                        WrToROM(TempPassword,0,6);  //将新密码写入 AT24C02 存储
                        ReInputEn=0;
                    }
                    ReInputCont=0;
                    CorrectCont=0;
                }
                else
                {
                    OneAlam();
                    write_1602com(er);
                    for(j=0;j<16;j++)
                    {
                        write_1602dat(again[j]);
                    }
                    for(i=0;i<6;i++)
                    {
                    TempPassword[i]=InputData[i];        //将第一次输入的数据暂存起来
                    }
                }
            N=0;                                         //输入数据位数计数器清零
            }
        }
    }

}
//================输入密码错误超过3次,报警并锁死键盘=========
void Alam_KeyUnable(void)
{
    P1=0x00;
    {
        ALAM=~ALAM;
        Delay5Ms();
    }

}
//=====================取消所有操作=============
void Cancel(void)
{
    unsigned char i;
    unsigned char j;
    //DisplayListChar(0, 1, start_line);
    write_1602com(er);
    for(j=0;j<16;j++)
    {
        write_1602dat(start_line[j]);
    }
    TwoAlam();                                    //提示音
    for(i=0;i<6;i++)
    {
        InputData[i]=0;
    }
    KEY=1;                                        //关闭锁
    ALAM=1;                                       //报警关
```

42

```c
        operation = 0;                              //操作标志位清零
        pass = 0;                                    //密码正确标志清零
        ReInputEn = 0;                               //重置输入允许标志清零
        ErrorCont = 0;                               //密码错误输入次数清零
        CorrectCont = 0;                             //密码正确输入次数清零
        ReInputCont = 0;                             //重置密码输入次数清零
        open_led = 1;
        s3_keydown = 0;
        key_disable = 0;
        N = 0;                                       //输入位数计数器清零
}
//=============确认键,并通过相应的标志位执行相应功能===========
void Ensure(void)
{
    unsigned char i,j;
    RdFromROM(CurrentPassword,0,6);                  //从 AT24C02 里读出存储密码
    if(N==6)
    {
        if(ReInputEn==0)                             //重置密码功能未开启
        {
            for(i=0;i<6;)
            {
                if(CurrentPassword[i]==InputData[i])
                {
                    i++;
                }
                else
                {
                    ErrorCont++;
                    if(ErrorCont==3)      //错误输入计数达 3 次时,报警并锁定键盘
                    {
                        write_1602com(er);
                        for(i=0;i<16;i++)
                        {
                            write_1602dat(Error[i]);
                        }
                        do
                        Alam_KeyUnable();
                        while(1);
                    }
                    else
                    {
                        TR0=1;           //开启定时
                        key_disable=1;   //锁定键盘
                        pass=0;
                        break;
                    }
                }
            }
            if(i==6)
            {
                CorrectCont++;
```

43

```
if( CorrectCont = = 1)              //正确输入计数,当只有一次正确输入时,开锁
{
    //DisplayListChar(0,1,LockOpen);
    write_1602com(er);
    for(j=0;j<16;j++)
    {
        write_1602dat(LockOpen[j]);
    }
    TwoAlam();              //操作成功提示音
    KEY=0;                 //开锁
    pass=1;                //置正确标志位
    TR0=1;                 //开启定时
    open_led=0;            //开锁指示灯亮
    for(j=0;j<6;j++)       //将输入清除
    {
        InputData[i]=0;
    }
}
else                       //当两次正确输入时,开启重置密码功能
{
    write_1602com(er);
    for(j=0;j<16;j++)
    {
        write_1602dat(SetNew[j]);
    }
    TwoAlam();             //操作成功提示
    ReInputEn=1;           //允许重置密码输入
    CorrectCont=0;         //正确计数器清零
}
}
else
//========当第一次使用或忘记密码时可以用131420对其密码初始化========
{
    if((InputData[0]==1)&&(InputData[1]==3)&&(InputData[2]==1)&&(InputData[3]
==4)&&(InputData[4]==2)&&(InputData[5]==0))
    {
        WrToROM(initpassword,0,6);
                               //强制将初始密码写入 AT24C02 存储
        //DisplayListChar(0,1,initword);  //显示初始化密码
        write_1602com(er);
        for(j=0;j<16;j++)
        {
            write_1602dat(initword[j]);
        }
        TwoAlam();
        Delay400Ms();
        TwoAlam();
        N=0;
    }
    else
    {
        //DisplayListChar(0,1,Error);
```

```
                    write_1602com(er);
                    for(j=0;j<16;j++)
                    {
                        write_1602dat(Error[j]);
                    }
                    ThreeAlam();        //错误提示音
                    pass=0;
                }
            }
        }
        else                        //当已经开启重置密码功能时,可按下开锁键
        {
            //DisplayListChar(0,1,Er_try);
            write_1602com(er);
            for(j=0;j<16;j++)
            {
                write_1602dat(Er_try[j]);
            }
            ThreeAlam();
        }
    }
    else
    {
        write_1602com(er);
        for(j=0;j<16;j++)
        {
            write_1602dat(Error[j]);
        }
        ThreeAlam();                //错误提示音
        pass=0;
    }
    N=0;                            //将输入数据计数器清零,为下一次输入做准备
    operation=1;
}
//========================主函数===============
void main(void)
{
    unsigned char KEY,NUM;
    unsigned char i,j;
    P1=0xFF;
    TMOD=0x11;
    TL0=0xB0;
    TH0=0x3C;
    EA=1;
    ET0=1;
    TR0=0;
    Delay400Ms();                   //启动等待,等LCM进入工作状态
    lcd_init();                     //LCD初始化
    write_1602com(yi);              //日历显示固定符号从第一行第0个位置之后开始显示
    for(i=0;i<16;i++)
    {
        write_1602dat(name[i]);     //向液晶屏写日历显示的固定符号部分
```

45

```
                    }
    write_1602com(er);                    //时间显示固定符号写入位置,从第2个位置后开始
                                            显示
    for(i=0;i<16;i++)
    {
        write_1602dat(start_line[i]);     //写显示时间固定符号,两个冒号
    }
    write_1602com(er+9);                  //设置光标位置
    write_1602com(0x0f);                  //设置光标为闪烁
    Delay5Ms();                           //延时片刻(可不要)
    N=0;                                  //初始化数据输入位数
    while(1)
    {
        if(key_disable==1)
            Alam_KeyUnable();
        else
            ALAM=1;                       //关报警
        KEY=keynum();
        if(KEY!=0)
        {
            if(key_disable==1)
            {
                second=0;
            }
            else
            {
                NUM=coding(KEY);
                {
                    switch(NUM)
                    {
                        case ('A'):      ;              break;
                        case ('B'):      ;              break;
                        case ('C'):      ;              break;
                        case ('D'): ResetPassword();break;     //重新设置密码
                        case ('*'): Cancel();          break;  //取消当前输入
                        case ('#'): Ensure();          break;  //确认键
                        default:
                        {
                            write_1602com(er);
                            for(i=0;i<16;i++)
                            {
                                write_1602dat(Input[i]);
                            }
                            operation=0;
                        if(N<6)
    //当输入的密码少于6位时,接收输入并保存,大于6位时则无效
                        {
                            OneAlam();                          //按键提示音
                    //DisplayOneChar(6+N,1,'*');
                            for(j=0;j<=N;j++)
                            {
                                write_1602com(er+6+j);
```

46

```c
                                    write_1602dat('*');
                                }
                                InputData[N] = NUM;
                                N++;
                            }
                            else                    //输入数据位数大于6后,忽略输入
                            {
                                N = 6;
                                break;
                            }
                        }
                    }
                }
            }
        }
    }
}
// *************** 中断服务函数 ***************
void  time0_int(void) interrupt 1
{
    TL0 = 0xB0;
    TH0 = 0x3C;
    countt0++;
    if(countt0 == 20)
    {
        countt0 = 0;
        second++;
        if(pass == 1)
        {
            if(second == 1)
            {
                open_led = 1;                //关指示灯
                TR0 = 0;                     //关定时器
                TL0 = 0xB0;
                TH0 = 0x3C;
                second = 0;
            }
        }
        else
        {
            if(second == 3)
            {
                TR0 = 0;
                second = 0;
                key_disable = 0;
                s3_keydown = 0;
                TL0 = 0xB0;
                TH0 = 0x3C;
            }
            else
                TR0 = 1;
        }
    }
}
```

47

电路原理图

电子密码锁电路原理图如图 4-8 所示。

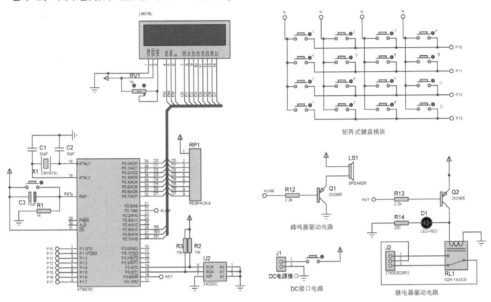

图 4-8　电子密码锁电路原理图

调试与仿真

电子密码锁仿真运行结果如图 4-9~图 4-11 所示。

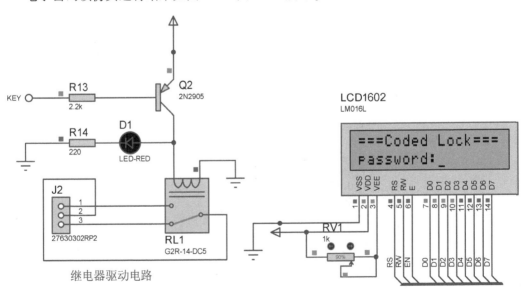

图 4-9　电子密码锁输入密码前的初始化界面

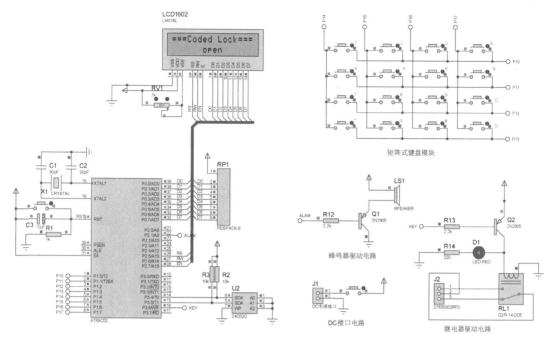

图 4-10 密码正确（000000）并开锁后的运行结果

电路仿真分析：电子密码锁输入密码前的初始化界面如图 4-9 所示；当输入正确的密码时，可以看到液晶屏显示 open，电子密码锁打开，LED 灯亮起，如图 4-10 所示；当密码输入错误时，液晶屏显示 error，蜂鸣器报警，当连续输入三次错误密码时，蜂鸣器会一直报警，此时，需要按复位键重新启动，如图 4-11 所示。

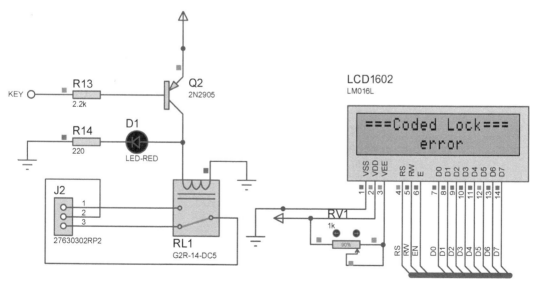

图 4-11 密码输入错误

 **PCB 版图**

PCB 版图如图 4-12 所示。

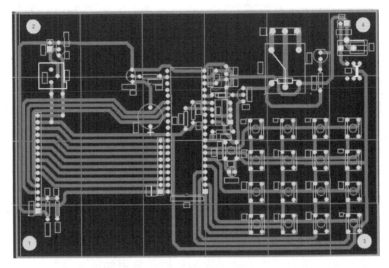

图 4-12　电子密码锁的 PCB 版图

 实物测试

电子密码锁电路实物图如图 4-13 所示。

图 4-13　电子密码锁电路实物图

50

思考与练习

（1）电路的复位按键不能够做出正确反应的可能原因是什么？

答：复位按键的下拉电阻取值过小，因为 51 单片机为高电平触发复位，而其他单片机，如 AVR 系列是低电平触发复位，切勿混淆这两种复位触发电平。

（2）LCD 液晶屏幕亮度低或显示模糊的原因是什么？

答：LCD 3 号引脚电位不合适，这时候可以调节 3 号引脚的上拉电阻进行调节，使液晶屏幕能够显示清晰。

（3）蜂鸣器或继电器的驱动三极管为什么选用 PNP 型的（9012、8550），而不是NPN 型的（9013、8050）？

答：因为单片机刚一上电的时候所有的 I/O 口会有一个短暂的高电平。如果选用NPN 型的，即使程序将 I/O 口拉低，蜂鸣器或继电器也会响一小下或吸合一下，为了避免这种情况发生，就选用 PNP 型的。因为我们想控制蜂鸣器或继电器工作，单片机的 I/O 口要低电平，而我们不可能刚一通电就让蜂鸣器响或继电器吸合，这样可以避免不必要的麻烦。

 特别提醒

焊接电路板时要注意按照原理图进行焊接，切勿将引脚焊在一起，否则会导致设计失败。液晶显示屏的上拉电阻一定不要焊反，否则会导致屏幕不清晰。操作时要按照规则进行操作。当忘记密码时可使用管理员密码进行初始化恢复。

项目 5　数字时钟电路设计

 设计任务

本次设计是实现一款有计时和校对时间功能的数字时钟。用 AT89C51 单片机的定时器/计数器 T0 产生 1s 的定时时间，作为秒计数时间，当 1s 产生时，秒计数加 1 开始计时；P1.0 控制"秒"的调整，每按一次加 1s；P1.1 控制"分"的调整，每按一次加 1min；P1.2 控制"时"的调整，每按一次加 1h。计时满 25-59-59 时，返回 00-00-00 重新计时。P1.3 用作复位键，在计时过程中如果按下复位键，则返回 00-00-00 重新计时。

 **基本要求**

◎ 用 AT89C51 单片机的定时器/计数器 T0 产生 1s 的定时时间，作为秒计数时间。

◎ 当 1s 产生时，秒计数加 1，当加到 60s 时向分钟位进 1，当分钟位加到 60min 时，向时钟位进 1。

◎ 开机时，显示 00-00-00，并开始连续计时。

总体思路

本次设计主要由单片机内部定时器/计数器 T0 产生 1s 的定时时间，再通过计数器计数并驱动数码管来显示时、分、秒。同时 P1 口的 4 个按键输入控制时、分、秒和复位的调整。

系统组成

数字时钟主要由两大部分组成。

◎ 数码显示模块：主要由单片机和 74LS245 来驱动数码管显示时间。

◎ 键盘控制模块：4 个按键用来调整时间和复位操作。

整个系统方案的模块框图如图 5-1 所示。

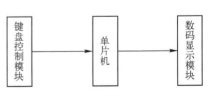

图 5-1　系统模块框图

模块详解

1. 键盘控制电路

由于键数较少，所以采用独立式按键，用了 4 个轻触式按键分别占用 I/O 口的 P1.0、P1.1、P1.2 和 P1.3 来实现调整秒、分、时和复位功能。当按钮被按下时，P1.0、P1.1、P1.2 和 P1.3 输入低电平，当按钮没有被按下时，上拉电阻和按钮两端并联的反向二极管使 P1.0、P1.1、P1.2 和 P1.3 输入稳定、可靠的高电平。P1.0 控制"秒"的调整，每按一次加 1s；P1.1 控制"分"的调整，每按一次加 1min；P1.2 控制"时"的调整，每按一次加 1h；P1.3 用作复位键，在计时过程中如果按下复位键，则返回 00-00-00 重新计时。键盘控制电路如图 5-2 所示。

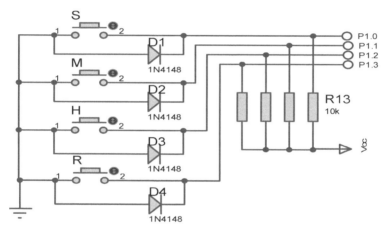

图 5-2　键盘控制电路

2. 数码显示电路

数码显示电路如图 5-3 所示。电路采用 2 个 4 位七段共阴 LED 数码管显示时间，采

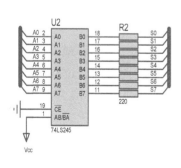

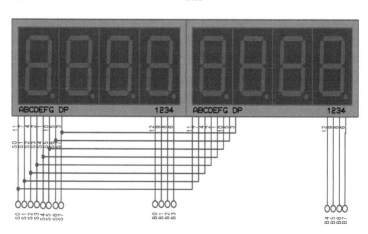

图 5-3　数码显示电路

53

用74LS245增加I/O口的驱动能力。单片机计数并在数码管上显示出相应的时间。初始化时数码管显示00-00-00开始计时，选通相应的数码位来显示计时结果。

本设计采用74LS245驱动数码管，它是8路同相三态双向总线收发器，可双向传输数据。图中$\overline{CE}$接低电平，AB/$\overline{BA}$接高电平时，信号由A向B传输（发送）。数码管的段选信号由74LS245来驱动，位选信号直接由单片机P2口驱动。P0口加上拉电阻，保证单片机输出稳定、可靠的高电平来驱动数码管。

3. 单片机电路

单片机电路主要用于内部程序处理，将采集到的数字量进行译码处理。其外围硬件电路包括晶振电路和复位电路。复位电路采用上拉电解电容上电复位电路。本设计采用的是HMOS型MCS-51的振荡电路，当外接晶振时，C1和C2值通常选择30pF。单片机晶振采用12MHz。单片机外围电路如图5-4所示。

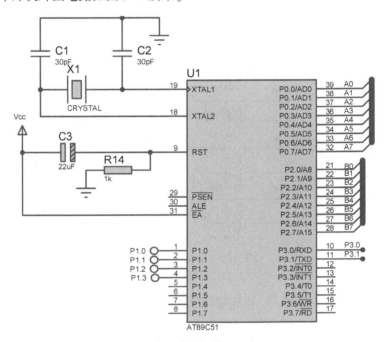

图5-4 单片机外围电路

在此设计中，选择16位定时工作方式。对于T0来说，系统时钟为12MHz，最大定时也只有65536μs，即65.536ms，无法达到我们所需要的1s的定时，因此必须通过软件来处理这个问题。假设取T0的最大定时时间为50ms，即要定时1s需要经过20次50ms的定时。对于这20次计数，就可以采用软件的方法来统计。

设定TMOD=00000001B，即TMOD=01H，设置定时器/计数器0工作在方式1。给T0定时器/计数器的TH0、TL0装入预置初值，通过下面的公式可以计算出，即

$$TH0 = (216-50000)/256$$

$$TL0 = (216-50000) MOD 256$$

这样，当定时器/计数器0计满50ms时，产生一个中断，可以在中断服务程序中对中断次数加以统计，以实现数字时钟的逻辑功能。

54

 程序设计

数字时钟程序设计流程图如图 5-5 所示。

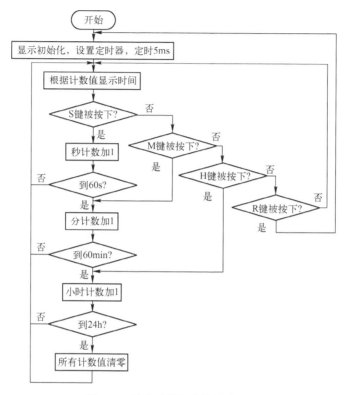

图 5-5 数字时钟程序设计流程图

C 语言程序源代码

```
//*********************************
//包含文件,程序开始
//*********************************
#include <reg52.h>
#define uchar unsigned char
#define uint unsigned int
sbit S_SET = P1^0;
sbit M_SET = P1^1;
sbit H_SET = P1^2;
sbit RESET = P1^3;
unsigned char SECOND, MINITE, HOUR, TCNT, restar = 0;
//行扫描数组
uchar code scan[8] = {0xfe,0xfd,0xfb,0xf7,0xef,0xdf,0xbf,0x7f};
//数码管显示的段码表
uchar code table[13] = {0x3F,0x06,0x5B,0x4F,0x66,0x6D,0x7D,0x07,0x7F,0x6F,
0x40,0x39,0x00};
```

```
uchar dispbuf[8];                           //显示缓冲区
// ********************************************
//延时函数
// ********************************************
void delay(unsigned int us)
{
   while(us--);
}
// ********************************************
//扫描显示函数
// ********************************************
void SCANDISP()
{
    unsigned char i,value;
    for(i=0;i<8;i++)
       {
       P2=0xff;
       value=table[dispbuf[i]];
       P0=value;
       P2=scan[i];
       delay(50);
       }
}
// ********************************************
// 定时器/计数器0中断函数
// ********************************************
void Timer0(void)interrupt 1    using    1
{
   TH0=(65536-50000)/256;
   TL0=(65536-50000)%256;
   TCNT++;
   if(TCNT==20)
    {
      SECOND++;
        TCNT=0;
        if(SECOND==60)
         {
           MINITE++;
           SECOND=0;
           if(MINITE==60)
            {
              HOUR++;
              MINITE=0;
              if(HOUR==24)
               {
                 HOUR=0;
                 MINITE=0;
                 SECOND=0;
                 TCNT=0;
               }
            }
         }
```

```
        }
}
// ******************************************
//显示内容处理函数
// ******************************************
void DISPLAY( )
{
    SCANDISP( ) ;
    dispbuf[ 6 ] = SECOND/10 ;
    dispbuf[ 7 ] = SECOND%10 ;
    dispbuf[ 5 ] = 10 ;
    dispbuf[ 3 ] = MINITE/10;
    dispbuf[ 4 ] = MINITE%10;
    dispbuf[ 2 ] = 10;
    dispbuf[ 0 ] = HOUR/10;
    dispbuf[ 1 ] = HOUR%10;
}
// ******************************************
// 独立按键扫描和键值处理函数
// ******************************************
void KEY_TEST( )
{
    DISPLAY( ) ;
    P1 = 0xff;
    restar = 0;
 if( S_SET = = 0 )
   {
   delay( 100 ) ;
   if( S_SET = = 0 )
    {
     SECOND++;
     if( SECOND = = 60 )
      {
      SECOND = 0;
      }
     while( S_SET = = 0 ) DISPLAY( ) ;
    }
   }
  if( M_SET = = 0 )
   {
   delay( 100 ) ;
   if( M_SET = = 0 )
    {
     MINITE++;
     if( MINITE = = 60 )
      {
      MINITE = 0;
      }
     while( M_SET = = 0 ) DISPLAY( ) ;
    }
   }
  if( H_SET = = 0 )
```

57

```
       {
        delay(100);
        if(H_SET==0)
         {
          HOUR++;
          if(HOUR==24)
           {
            HOUR=0;
           }
           while(H_SET==0)  DISPLAY();
         }
       }
       if(RESET==0)
        {
         delay(100);
         if(RESET==0)
          {
           restar=1;
          }
        }
      }
   }
//**********************************************
//主函数
//**********************************************
void main()
 {
  while(1)
   {
    HOUR=0;
    MINITE=0;
    SECOND=0;
    TCNT=0;
    TMOD=0x01;
    TH0=(65536-50000)/256;
    TL0=(65536-50000)%256;
    IE=0x82;
    TR0=1;
    while(1)
      {
        KEY_TEST();
        if(restar==1)
          break;
      }
   }
 }
```

电路原理图

数字时钟电路原理图如图 5-6 所示。

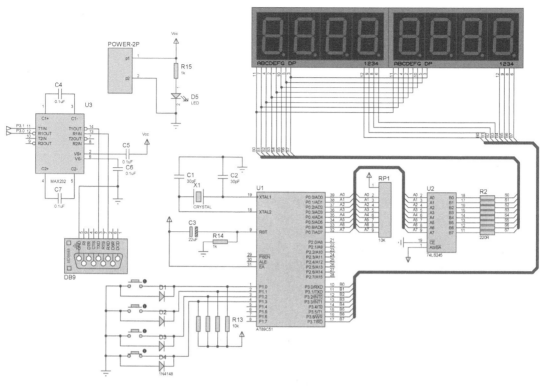

图 5-6　数字时钟电路原理图

调试与仿真

图 5-7 为数字时钟显示仿真结果。

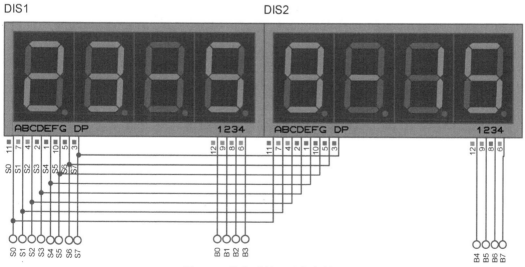

图 5-7　数字时钟显示仿真结果

仿真分析：上电后，初始化 00-00-00 并开始计时，计时一段时间按下 S 键，秒计时加 1；按下 M 键，分计时加 1；按下 H 键，时计时加 1；按下复位键，从 00-00-00 开始计时，计时满 25-59-59 时，返回 00-00-00 重新开始计时。

PCB 版图

数字时钟电路板布线图（PCB 版图）如图 5-8 所示。

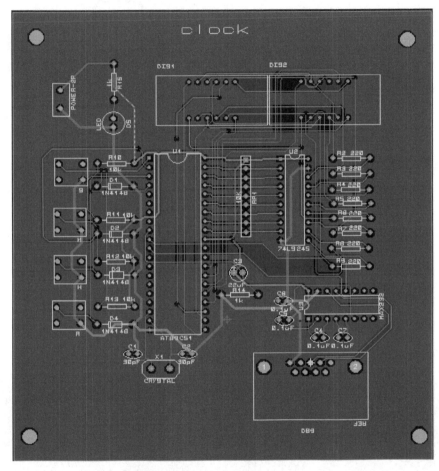

图 5-8　数字时钟电路板布线图

实物测试

实物照片如图 5-9 所示。

图 5-9　数字时钟电路实物照片

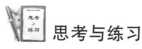 思考与练习

（1）独立按键的读键和处理方法是什么？

答：单片机用查询方式读取相应的 I/O 口，当其为低电平时，表明该键被按下，然后给相应的计数器加 1 或清零复位。

（2）本设计中为什么要用到 74LS245？

答：当 AT89C51 单片机的 P0 口总线负载达到或超过 P0 口最大负载能力时，必须接入 74LS245 等总线驱动器。

（3）AT89C51 单片机的内部 16 位定时器/计数器是一个可编程定时器/计数器，它有哪几种工作方式？本设计中采用的是哪种工作方式？

答：既可以工作在 13 位定时方式，也可以工作在 16 位定时方式和 8 位定时方式。在此设计中，选择 16 位定时工作方式。

 特别提醒

（1）在设计印制电路板时，晶体和电容应尽可能安装在单片机附近，以减小寄生电容，保证振荡器稳定、可靠工作。为了提高稳定性，应采用 NPO 电容。

（2）焊接 PCB 前，先检查 PCB 有无短路现象，一般要看电源线和地线有无短路，信号线和电源线、信号线和地线有无短路。

（3）焊接 PCB 时，注意电解电容的极性。

项目 6　基于 DS18B20 的温度测量模块设计

 设计任务

用 AT89C51 控制 DS18B20，读取数据，并对 DS18B20 转换后的数据进行处理，最后在数码管上显示 DS18B20 测出的温度。

 基本要求

☺ 要求使用 6 位数码管显示，最高位为符号位，如果温度值为正，则不显示，如果温度值为负，则显示负号；

☺ 第 2~4 位显示温度值的整数部分，并在第 4 位数据上显示小数点；第 5 位显示一位小数，最低位显示摄氏度符号"℃"。

 总体思路

☺ 用 AT89C51 控制 DS18B20，读取数据；
☺ 对 DS18B20 转换后的数据进行处理，转换成实际温度值；
☺ 使用 6 位数码管显示所测得的温度；
☺ 最高位为符号位，如果温度值为正，则不显示，如果温度值为负，则显示负号；
☺ 第 2~4 位显示温度值的整数部分，并在第 4 位数据上显示小数点；
☺ 第 5 位显示一位小数；
☺ 最低位显示摄氏度符号"℃"。

系统组成

整个系统结构图如图 6-1 所示。

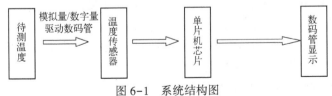

图 6-1　系统结构图

模块详解

1. 传感器接口电路

DS18B20 是常用的数字温度传感器,其正常工作时 3 脚接 5V 电源,1 脚接地,2 脚进行通信,如图 6-2 所示。

DS18B20 是达拉斯半导体公司(DALLAS)生产的 1-Wire 器件,即单总线器件,它与传统的热敏电阻有所不同,它可直接将被测温度转化成串行数字信号供微机处理,并且根据具体要求,通过简单的编程实现 9 位温度读数,具有线路简单,体积小的特点,可以用它来组成一个测温系统。其线路简单,在一根通信线上,可以挂很多这样的数字温度计,它们可以

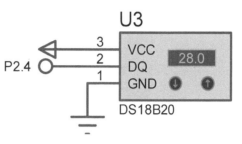

图 6-2 传感器接口电路

并接到多个地址线上与单片机实现通信。由于每一个 DS18B20 出厂时都刻有唯一的一个序列号并存入其 ROM 中,因此 CPU 可用简单的通信协议识别,从而节省了大量引线和逻辑电路,给设计者带来很多方便。

DS18B20 产品的特点如下:

(1)只要求一个端口即可实现通信。

(2)在 DS18B20 中的每个器件上都有独一无二的序列号。

(3)实际应用中不需要外部任何元器件即可实现测温。

(4)测量温度范围在 -55～+125℃ 之间。

(5)用户可以从 9～12 位选择其分辨率。

(6)内部有温度上、下限告警设置。

图 6-3 DS18B20 引脚排列图(底视图)

TO—92 封装的 DS18B20 引脚排列如图 6-3 所示,其引脚功能描述见表 6-1。

表 6-1 DS18B20 引脚功能描述

序 号	名 称	引脚功能描述
1	GND	接地
2	DQ	数据输入/输出引脚。开漏单总线接口引脚。当工作在寄生电源模式时用来提供电源
3	VDD	可选择的 VDD 引脚。当工作于寄生电源模式时,此引脚必须接地。一般工作电压为 3～5.5V

2. 单片机控制电路

通过对单片机内部编程,使单片机 AT89C51 的 P0 口产生 8 位段选信号,P3 口产生 6 位位选信号,以驱动数码管显示,单片机控制电路如图 6-4 所示。

3. 数码管显示电路

数码管段选及片选信号经过上拉电阻和 74LS245 锁存,驱动数码管对被测温度进行显示,数码管显示电路如图 6-5 所示。

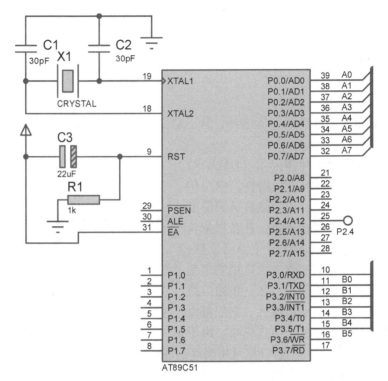

图 6-4 单片机控制电路

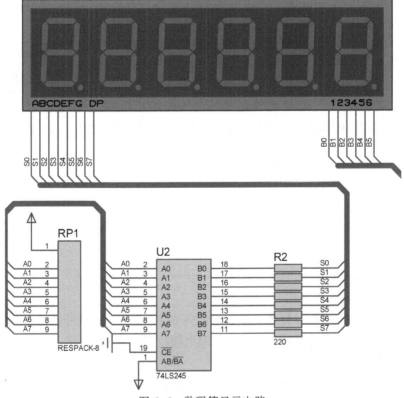

图 6-5 数码管显示电路

数码管显示原理：DS18B20 转换后的数据有 4 位二进制小数，精度为 0.0625，可连续表示 1 位十进制小数，因此在数码管显示时，只显示 1 位小数。在对 4 位二进制小数进行处理时，可先计算出这 4 位二进制小数对应的 4 位十进制小数，然后对这 4 位十进制小数舍弃后 3 位，只保留 1 位。在编写程序时，可编制一个反映二进制小数与显示码对应关系的表格，根据 4 位二进制小数的 16 种不同情况查找对应的 1 位十进制小数的段码，具体映射关系见表 6-2。

表 6-2　二进制小数与显示码的映射关系

二进制小数位	4 位十进制小数	保留 1 位	对应显示码（共阴）
0000	0.0000	0	3FH
0001	0.0625	1	06H
0010	0.1250	1	06H
0011	0.1875	2	5BH
0100	0.2500	3	4FH
0101	0.3125	3	4FH
0110	0.3750	4	66H
0111	0.4375	4	66H
1000	0.5000	5	6DH
1001	0.5625	6	7DH
1010	0.6250	6	7DH
1011	0.6875	7	07H
1100	0.7500	8	7FH
1101	0.8125	8	7FH
1110	0.8750	9	6FH
1111	0.9375	9	6FH

 程序设计

基于 DS18B20 的温度测量模块程序设计流程图如图 6-6～图 6-9 所示。

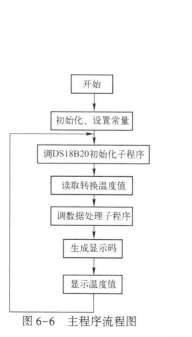

图 6-6　主程序流程图

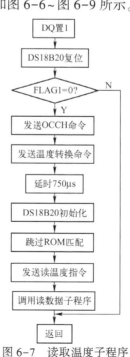

图 6-7　读取温度子程序

65

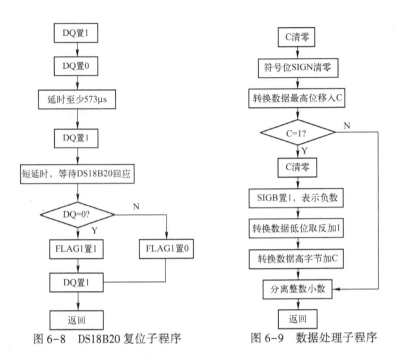

图 6-8　DS18B20 复位子程序　　　　　图 6-9　数据处理子程序

C 语言程序源代码

```
#include <reg51. h>
#define uchar unsigned char
#define uint unsigned int
sbit DQ = P2^4;
unsigned char flag;
uchar code scan[8] = {0xfe,0xfd,0xfb,0xf7,0xef,0xdf,0xbf,0x7f};
ucharcode
table[13] = {0x3F,0x06,0x5B,0x4F,0x66,0x6D,0x7D,0x07,0x7F,0x6F,0x40,0x39,0x00};
uchar code ditab[16] = {0x00,0x01,0x01,0x02,0x03,0x03,0x04,0x04,0x05,0x06,0x06,
0x07,0x08,0x08,0x09,0x09};
uchar dispbuf[8];
uchar temper[2];
void delay(unsigned int us)
{
while(us--);
}
void reset(void)
{
uchar x = 0;
DQ = 1;
delay(8);
DQ = 0;
delay(80);
DQ = 1;
delay(14);
x = DQ;
delay(20);
}
uchar readbyte(void)
{
uchar i = 0;
uchar dat = 0;
```

66

```c
for (i=8;i>0;i--)
{
DQ=0;
dat>>=1;
DQ=1;
if(DQ)
dat | =0x80;
delay(4);
}
return(dat);
}
void writebyte(unsigned char dat)
{
uchar i=0;
for (i=8;i>0;i--)
{
DQ=0;
DQ=dat&0x01;
delay(5);
DQ=1;
dat>>=1;
}
delay(4);
}
void readtemp(void)
{
uchar a=0,b=0;
reset();
writebyte(0xCC);
writebyte(0x44);
reset();
writebyte(0xCC);
writebyte(0xBE);
a=readbyte();
b=readbyte();
if(b>0x0f)
{
if(a==0)
b= ~b+1;
else b= ~b;
flag=10;
}
else flag=12;
temper[0]=a&0x0f;
a=a>>4;
temper[1]=b<<4;
temper[1]=temper[1] | a;
}
void scandisp()
{
unsigned char i,value;
for (i=0;i<8;i++)
{
P3=0xff;
value=table[dispbuf[i]];
if(i==3)
value | =0x80;
P0=value;
P3=scan[i];
```

```
    delay(50);
  }
}

void main()
{
uchar temp,temp1;
while(1)
{
scandisp();
readtemp();
temp1=temper[0];
temp=temper[1];
dispbuf[4]=ditab[temp1];
dispbuf[1]=temp/100;
dispbuf[3]=temp%10;
temp=temp/10;
dispbuf[2]=temp%10;
dispbuf[0]=flag;
dispbuf[5]=11;
  }
}
```

电路原理图

基于 DS18B20 的温度测量模块电路原理图如图 6-10 所示。

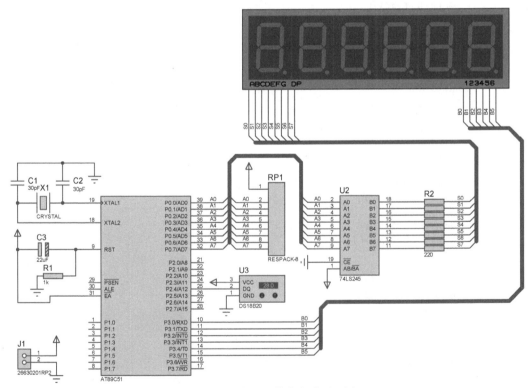

图 6-10　温度测量模块电路原理图

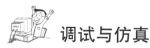 调试与仿真

基于 DS18B20 温度测量模块的仿真结果如图 6-11 和图 6-12 所示。

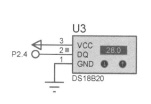

图 6-11　温度值为 28℃时的仿真结果

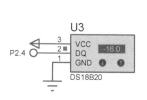

图 6-12　温度值为-16℃时的仿真结果

　　电路仿真结果分析：由仿真结果可以看出，数码管能够准确地显示出 DS18B20 的实测温度，精确到 0.1，完成设计要求。

 PCB 版图

　　电路板布线图（PCB 版图）如图 6-13 所示。

 实物测试

　　电路实物图如图 6-14 所示。

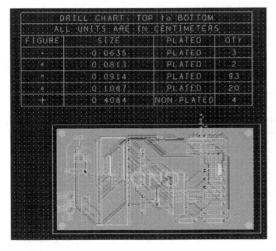

图 6-13　电路板布线图

图 6-14　电路实物图

 思考与练习

（1）本设计中将被测温度转化为数字量是用哪种器件实现的？

答：利用 DS18B20 温度传感器。

（2）DS18B20 共有几个引脚，功能分别是什么？其工作电压为多少？

答：DS18B20 共有 3 个引脚。其中，引脚 1 接地，引脚 2 通信，引脚 3 外接电源。其工作电压为 3~5.5V。

（3）6 位共阴极数码管有几个段选引脚？有几个片选引脚？

答：6 位共阴数码管有 A~DP 共 8 个段选引脚；1~6 共 6 个片选引脚。

特别提醒

（1）注意 DS18B20 的引脚接法，不要接反；

（2）6 位数码管为共阴极数码管，注意区分与共阳极数码管之间的差别，避免错接。

项目 7　信号发生器设计

设计任务

利用 AT89C52 单片机产生方波、锯齿波、三角波及正弦波，要求频率可调、幅度可调，并可以在不同的波形之间任意切换。

总体思路

☺ 信号产生：利用 8 位 D/A 转换器 DAC0808，可以将 8 位数字量转换成模拟量输出。数字量输入的范围为 0～255，对应的模拟量输出的范围在 VREF-到 VREF+之间。根据这一特性，我们可以利用单片机并行口输出的数字量产生常用的波形。

☺ 幅值调节：当数字量输入为 00H 时，DAC0808 的输出为 VREF-，当输入为 FFH 时，DAC0808 的输出为 VREF+，所以为了调节输出波形的幅值，只要调节 VREF 即可。如图 7-3 所示，在 VREF+端串接一电位器，调节 VREF 的电压，即可达到调节波形幅值的目的。

☺ 频率调节：若要调节信号的频率，在单片机输出的两个数据之间加入一定的延时即可。如图 7-5 所示，在单片机的 P0 口输出一个数字量后，读取 8 位 DIP 开关 DSW1 的状态，将开关状态转换为 8 位二进制数，作为延时常数。这样，在程序运行过程中，用 DIP 开关 DSW1 输入 8 位二进制数即可调节输入信号的频率。

☺ 波形切换：利用 4 位 DIP 开关 DSW2 来选择波形，并通过 4 个 LED 进行指示。

系统组成

系统结构图如图 7-1 所示。

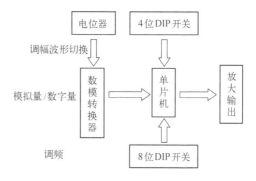

图 7-1　系统结构图

模块详解

1. 单片机控制电路

对单片机内部进行编程，使其 P0 口输出与产生对应的数字量；P2 口用来接收 8 位 DIP 开关的当前状态，以确定用加入的延时常数来改变信号频率；P3.4～P3.7 用来接收 4

71

位 DIP 开关的当前状态，以确定当前波形，并用 P1.0~P1.3 进行显示。单片机控制电路如图 7-2 所示。

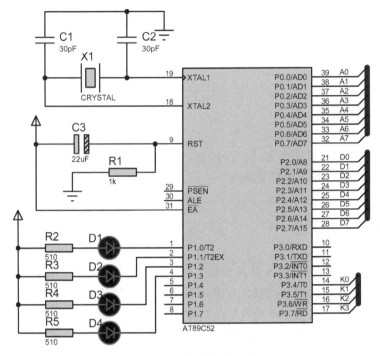

图 7-2　单片机控制电路

2. D/A 转换电路

通过程序令单片机 P0 口输出 8 位数字量，利用 8 位 D/A 转换器 DAC0808，可以将 8 位数字量转换成模拟量输出。数字量输入的范围为 0~255，对应的模拟量输出范围在 VREF-到 VREF+之间。根据这一特性，可以产生常用的波形。为了调节输出波形的幅值，只要调节 VREF 即可。在 VREF+端串接一电位器，调节 VREF 的电压，即可达到调节波形幅值的目的。D/A 转换电路如图 7-3 所示。

DAC0808 是 8 位数模转换集成芯片，具有满标度输出电流稳定时间为 150ns，驱动电压为±5V，33mW。DAC0808 可以直接和 TTL、DTL 及 CMOS 逻辑电平相兼容。共引脚及功能图如图 7-4 所示。

（1）A1~A8：8 位并行数据输入端（A1 为最高位，A8 为最低位）。

（2）VREF（+）：正向参考电压（需要加电阻）。

（3）VREF（-）：负向参考电压，接地。

（4）IOUT：电流输出端。

（5）VEE：负电压输入端。

（6）COMPENSATION：补偿端。与 VEE 之间接电容，$R_{14}=5\text{k}\Omega$ 时（R_{14}为引脚 14 的外接电阻），一般为 0.1μF，电容必须随着 R_{14} 的增加而适当增加。

（7）GND：接地端。

（8）VCC：电源端。

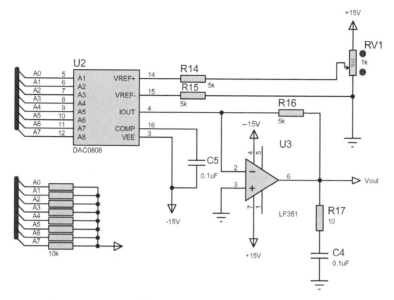

图 7-3 D/A 转换电路

3. 信号频率调节电路

若要调节信号的频率，只需在单片机输出的两个数据之间加入一定延时即可。信号频率调节电路如图 7-5 所示，在单片机的 P0 口输出一个数字量后，读取 8 位 DIP 开关 DSW1 的状态，将开关状态转换为 8 位二进制数来作为延时常数。这样，在程序运行过程中，用 DIP 开关 DSW1 输入 8 位二进制数，即可调节输入信号的频率。

4. 波形切换电路

波形切换电路如图 7-6 所示，利用 4 位 DIP 开关 SW2 来选择波形，并通过 4 个 LED 进行指示。

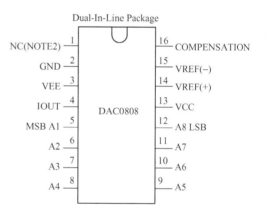

图 7-4　DAC0808 引脚及功能图

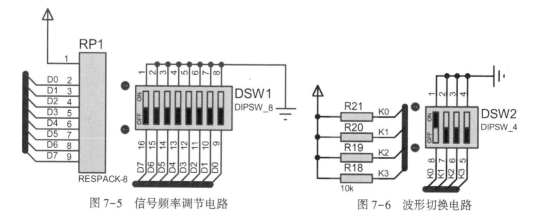

图 7-5　信号频率调节电路　　　　图 7-6　波形切换电路

73

![程序设计图标] **程序设计**

信号发生器程序设计流程图如图 7-7 所示。

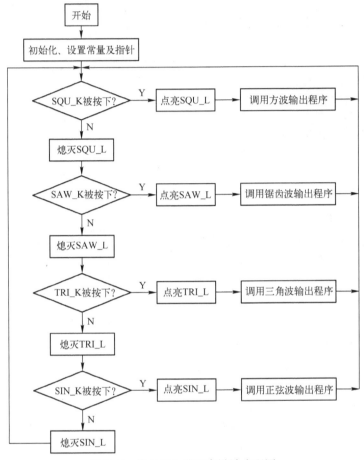

图 7-7 信号发生器程序设计流程图

汇编语言程序设计：

```
ORG        00H
  SQU_KBIT P3.4
  SAW_K    BIT  P3.5
  TRI_K    BIT  P3.6
  SIN_K    BIT  P3.7

  SQU_L    BIT  P1.0
  SAW_L    BIT  P1.1
  TRI_L    BIT  P1.2
  SIN_L    BIT  P1.3

START:MOV  P1,#0FFH
    MOV    P2,#0FFH
```

74

```
            MOV     P3,#0FFH
            MOV     DPTR,#SIN_TAB
MAIN:MOV    P0,#00H
        JNB SQU_K,S1
        SETB    SQU_L
        JNB SAW_K,S2
        SETB    SAW_L
        JNB TRI_K,S3
        SETB    TRI_L
        JNB SIN_K,S4
        SETB    SIN_L
        SJMP    MAIN
S1:CLRSQU_L
        LCALL   SQUARE
        SJMP    MAIN
S2:CLRSAW_L
        LCALL   SAWTOOTH
        SJMP    MAIN
S3:CLRTRI_L
        LCALL   TRIANG
        SJMP    MAIN
S4:CLRSIN_L
        LCALL   SINWAVE
        SJMP    MAIN
SQUARE:
        MOV     R0,#00H
        J11:MOV     P0,#0FFH
        MOV     P2,#0FFH
        MOV     A,P2
        CPLA
        MOV     R3,A
L11:DEC     R3
        CJNE    R3,#255,L11
        INC R0
        INC R0
        CJNE    R0,#254,J11
        MOV     R0,#00H
J12:MOV P0,#00H
        MOV     P2,#0FFH
        MOV     A,P2
        CPLA
        MOV     R3,A
L12:DEC     R3
        CJNE    R3,#255,L12
        INC R0
        INC R0
        CJNE    R0,#254,J12
        MOV     R0,#00H
        RET
SAWTOOTH:
        CLRA
        MOV     R7,A
J21:MOV P0,R7
        MOV     P2,#0FFH
        MOV     A,P2
```

75

```
        CPLA
        MOV    R3,A
L21:DEC        R3
        CJNE   R3,#255,L21
        INC R7
        CJNE   R7,#255,J21
        RET
TRIANG:
        MOV    R7,#00H
    J31:MOV    P0,R7
        MOV    P2,#0FFH
        MOV    A,P2
        CPL  A
        MOV    R3,A
L31:DEC        R3
        CJNE   R3,#255,L31
        INC R7
        INC R7
        CJNE   R7,#254,J31
J32:MOV        P0,R7
        MOV    P2,#0FFH
        MOV    A,P2
        CPL A
        MOV    R3,A
L32:DEC        R3
        CJNE   R3,#255,L32
        DEC    R7
        DEC    R7
        CJNE   R7,#00,J32
        RET
SINWAVE:
        MOV    R0,#00H
K41:MOV        A,R0
        MOVC   A,@ A+DPTR
        MOV    P0,A
        INC R0
        MOV    P2,#0FFH
        MOV    A,P2
        CPL A
        MOV    R3,A
L41:DEC        R3
        CJNE   R3,#255,L41
        CJNE   R0,#92,K41
K42:   DEC     R0
        MOV    A,R0
        MOVC   A,@ A+DPTR
        MOV    P0,A
        MOV    P2,#0FFH
        MOV    A,P2
        CPL A
        MOV    R3,A
L42:DEC        R3
        CJNE   R3,#255,L42
        CJNE   R0,#0,K42
        RET
```

SIN_TAB：
    DB 0,0,0,0
    DB 1,1,2,3,4,5,6,8
    DB 9,11,13,15,17,19,22,24
    DB 27,30,33,36,39,42,46,49
    DB 53,56,60,64,68,72,76,80
    DB 84,88,92,97,101,105,110,114
    DB 119,123,128,132,136,141,145,150
    DB 154,158,163,167,171,175,179,183
    DB 187,191,195,199,202,206,209,213
    DB 216,219,222,225,228,231,233,236
    DB 238,240,242,244,246,247,249,250
    DB 251,252,253,254,254,255,255,255
    END

电路原理图

信号发生器电路原理图如图 7-8 所示。

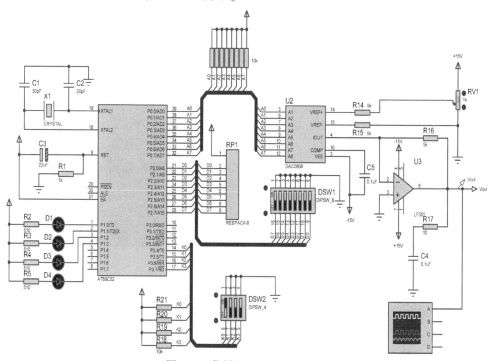

图 7-8　信号发生器电路原理图

调试与仿真

电路实际测量结果分析：波形发生器输出波形如图 7-9 所示。上电后，依次测试在示波器上出现正弦波、三角波、方波和锯齿波。拨动拨码开关，调节波形的频率，并调节电位器 RV1，即可调节波形的幅值。

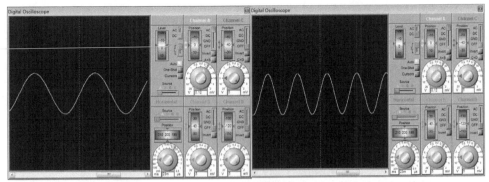

（a）正弦波

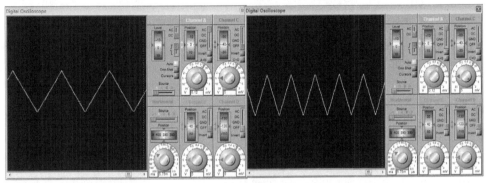

（b）三角波

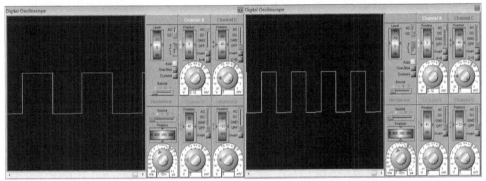

（c）方波

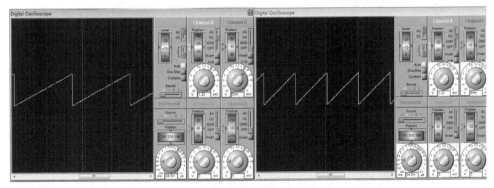

（d）锯齿波

图 7-9　波形发生器输出波形

 **PCB 版图**

电路板布线图（PCB 版图）如图 7-10 所示。

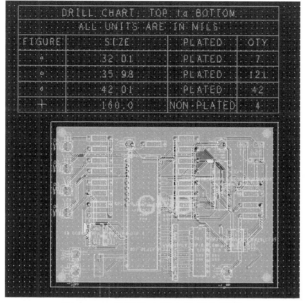

图 7-10　信号发生器电路板布线图

 **实物测试**

信号发生器实物图如图 7-11 所示。

图 7-11　信号发生器实物图

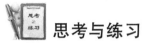 **思考与练习**

（1）本设计如何实现信号的产生？

答： 利用 DAC0808，将单片机 P0 口数字量输出转化为模拟量输出。

（2）本设计如何调整产生信号的幅值？输出信号的幅值主要取决于什么？

答： 输出信号的幅值主要取决于 DAC0808 上 VREF+到 VREF−之间的电压。本设计中用电位器调节输出信号的幅值。

（3）本设计中如何调节产生信号的频率，其工作原理是什么？

答： 若要调节信号的频率，只需在单片机输出的两个数据之间加入一定的延时即可。在单片机的 P0 口输出一个数字量后，读取 8 位 DIP 开关 DSW1 的状态，将开关状态转换为 8 位二进制数作为延时常数，从而在程序运行过程中，用 DIP 开关 DSW1 输入 8 位二进制数，即可调节输入信号的频率。

 特别提醒

（1）电路元件较多，注意各个引脚的连接及布线。

（2）注意在 DAC0808 输出口后等各关键位置添加测试点，以便调试。

项目 8　基于模糊控制的温度控制电路设计

设计任务

利用单片机设计一个温度控制电路系统，实现对被测环境温度的检测与控制。该系统能够显示当前的温度值，并且可以通过按键设定标准温度值。

当检测到当前温度值时，单片机通过与预设温度值比较，计算出误差和误差变化率，再通过查询根据模糊控制规则得出的控制表，找出正确、有效的控制代码，触发相应的二极管发光，报警提示外界需要采取加温或降温措施。

基本要求

☺ 利用 AT89C52 单片机实现对固定温度的控制，能够控制红色和绿色发光二极管，报警提示外界应该采取加温或降温措施，从而控制系统温度稳定在预设温度值附近；

☺ 利用 3 个独立按键，能够控制预设温度值，并能够通过按键增加或减小预设温度值，并且显示在数码管上；

☺ 电路系统采用模糊控制规则，根据实际温度值与预设温度值的差值及差值变化率，找到最佳控制量，触发红灯高温报警灯或绿灯亮，提示外界采取升温或降温措施对系统进行温度调节。

总体思路

通过 DS18B20 温度传感器采集被测环境温度值并输入到单片机，单片机结合预设标准温度分析处理后输出控制量，若温度高于预设温度值，则红色发光二极管亮，从而提示采取降温措施；若低于预设温度值，则绿色发光二极管亮，提示外界对系统进行升温处理，使系统温度接近预设的标准温度。

系统组成

整个基于模糊控制的温度控制系统主要包括 8 部分。

☺ 第一部分：电源接口电路。该部分为整个电路提供 +5V 的稳定直流电压。

☺ 第二部分：温度采集电路。通过 DS18B20 温度传感器采集被测环境的温度。

☺ 第三部分：单片机控制电路。由 AT89C52 芯片在程序控制和外围简单组合电路作用下运行，分别在两个数码管上显示出被测系统的温度值和预设标准温度值，并根据与预设标准值的对比，采用模糊算法控制的程序触发不同的发光二极管，提示外界采取升温措施或降温措施。

☺ 第四部分：警示灯电路。当检测到的温度值高于预设温度值时，红色发光二极管亮，从而提示采取降温措施；当低于预设温度值时，则绿色发光二极管亮，提示外界对系统进行升温处理。

☺ 第五部分：数码管显示电路。用来显示被测系统当前的温度值和系统预设的标准温度值。

☺ 第六部分：功能按键电路。用来调节预设标准温度值。

☺ 第七部分：复位电路。使单片机复位。

☺ 第八部分：晶振控制电路。

整个系统方案的结构框图如图 8-1 所示。

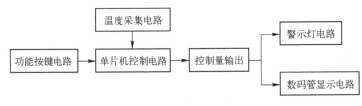

图 8-1　温度控制系统结构框图

 模块详解

1. 电源接口电路

该电路为温度控制电路系统提供+5V 的稳定直流电，直流稳压源接口电路原理图如图 8-2 所示。

通过 J2 端子为整个电路提供+5V 的稳定直流，在输出端同时接入二极管 D1，起到保护电路的作用。

2. 温度采集电路

温度采集电路即通过 DS18B20 温度传感器将被测环境的温度值采集并输入到 AT89C52 单片机中，其原理图如图 8-3 所示。

P34 与单片机的 P3.4 相连接，使温度传感器采集到的值传入单片机中等待单片机分析处理。

3. 单片机控制电路

本系统是基于 AT89C52 单片机的温度控制电路系统，用单片机实现的具体过程为：单片机通过 DS18B20 温度传感器采样获得被测系统的精确值，然后将其与预设的标准温度值比较，得到系统误差，根据处理后的模糊量及模糊控制规则，单片机通过查表找出合适的模糊控制量，驱动红色或绿色发光二极管亮，提醒外界采取升温或降温措施，从而达到控制系统温度的目的。该系统晶振采用的是 12MHz 的标准晶振。接入单片机的 XTAL1 和 XTAL2 端。采用人工复位的方式，当按下复位按键时，使单片机直接复位，所以按键开关的另一端直接与单片机的 RST 引脚连接。单片机控制电路原理图如图 8-4 所示。

图 8-2　直流稳压源接口电路原理图　　　图 8-3　温度采集电路原理图

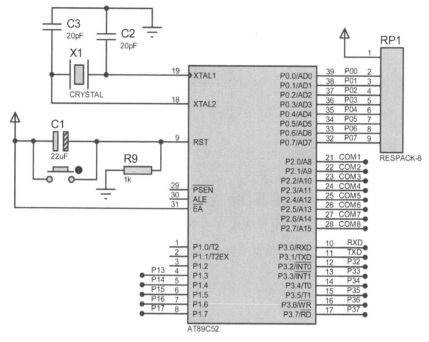

图 8-4　单片机控制电路原理图

4. 警示灯电路

警示灯电路在单片机的控制下工作。当检测到环境温度高于预设标准温度值时，单片机根据得出的合适控制量驱动红色发光二极管亮，从而提示采取降温措施；当低于预设温度值时，则绿色发光二极管在单片机的驱动下亮，提示外界对系统进行升温处理。警示灯电路原理图如图 8-5 所示。

在警示灯电路原理图中可以看到，采用的是低电平驱动，由两个发光二极管和两个 470Ω 电阻的串联电路组成，又分别通过 P36、P37 引脚与单片机相连，其中两个 470Ω 的电阻分别与 LED2、LED3 串联，起到限流保护发光二极管的作用。

5. 数码管显示电路

考虑到本系统的显示内容比较简单，并且对亮度的要求比较高，对显示器件的耐用性要求也比较高，所以采用 4 位 7 段共阴数码管来完成显示功能。其中数码管通过 P0~P7 与单片机 RP1 口实现动态显示的段选功能。通过单片机程序设计使上面 4 位数码管显示经 DS18B20 温度传感器检测到的温度值，下面显示系统预设的标准温度值。数码管显示电路原理图如图 8-6 所示。

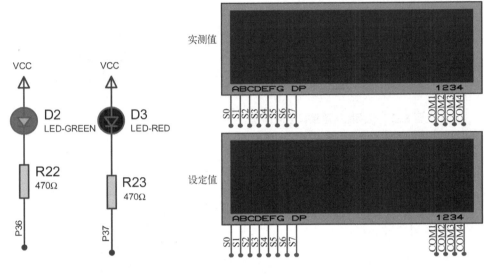

图 8-5　警示灯电路原理图　　　　图 8-6　数码管显示电路原理图

6. 数码管驱动电路

74LS245 是常用的芯片，用来驱动 LED 或其他设备，它是 8 路同相三态双向总线收发器，可双向传输数据。当片选端 $\overline{\text{CE}}$ 为低电平有效时，DIR = "0"，信号由 B 向 A 传输；DIR = "1"，信号由 A 向 B 传输；当 $\overline{\text{CE}}$ 为高电平有效时，A、B 均为高阻态。数码管驱动电路原理图如图 8-7 所示。

7. 功能按键电路

该部分采用独立的按键模块，共设置 3 个按键，从上向下依次为温度增加按键、温度减小按键和增减模式按键。当按下第三个按键时，下面数码管从左向右数第一位的小数点会亮起来，此时可以通过按动增加温度值按键或减小温度值按键来以 1.0 的精度改变预设的标准温度值，再次按下第三个按键时，第一位小数点灭，温度增加和减小功能按键以 0.1 的精度改变。功能按键电路原理图如图 8-8 所示。

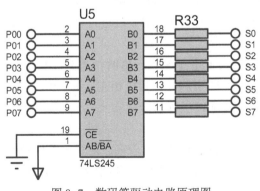

图 8-7　数码管驱动电路原理图

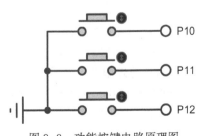

图 8-8　功能按键电路原理图

84

![程序设计图标] **程序设计**

单片机驱动警示灯亮或灭采用的是模糊控制的方法，具体实现过程如下。

1. 系统给定值与反馈值的误差 e

单片机通过温度传感器采样获得被测系统温度的精确值，然后将其与系统给定的标准预设温度值比较，得出系统误差。

2. 计算误差变化率 ec（即 de/dt）

对误差求微分，指的是在一个采样周期内求误差的变化量 Δe。

3. 输入量的模糊化

将 e 和 ec 模糊化，变成模糊量 E、EC。同时，把语言变量 E、EC 的语言值化为某适当论域上的模糊子集。

4. 控制规则

控制规则是模糊控制方法的核心。控制规则的条数可能很多，需要求出总的控制规则 R，作为模糊控制推理的依据。

5. 模糊推理

将输入量模糊化后的语言量 E、EC 作为模糊推理部分的输入，再由 E、EC 和总的控制规则 R，根据推理合成规则进行模糊推理，得到模糊控制量 U。

6. 逆模糊化

为了对被控制对象施加精确的控制，必须将模糊控制量 U 转化为精确量 u，即逆模糊化。

7. 建立模糊控制查询表

在程序设计中，根据相应控制规则制成一个适用于该系统程序查询的模糊控制表，单片机只需根据程序计算出 E 和 EC 即可查表找出控制量 U。最后根据规定好的控制量 U 驱动警示灯的亮或灭。

程序设计的整体流程图如图8-9所示。

C 语言程序源代码

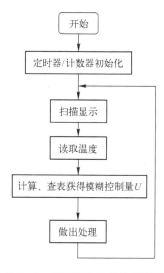

图8-9　程序设计的整体流程图

```
#include <reg52.h>//包含头文件,一般情况下不需要改动,头文件包含特殊功能寄存器的定义
#include <stdio.h>
#include"18b20.h"
#include"delay.h"
sbit RELAY_0   =P1^0;
sbit RELAY_1   =P1^1;
sbit RELAY_2   =P1^2;
sbit LED_0=P3^6;
sbit LED_1=P3^7;
```

85

```c
unsigned int uiWarry_Val = 300, uiTemp_New = 850 ;//设定的报警值为100.0,大于这个值会报警
unsigned int uiTemp_Val = 0, TempH = 0, TempL = 0;//得到的温度值
unsigned char ucDECTen_Flag = 0;
unsigned char code dispbit[ ] = {0xfe,0xfd,0xfb,0xf7,0xef,0xdf,0xbf,0x7f} ;//反扫
uchar code   LEDData[ ] = {0x3f,0x06,0x5b,0x4f,0x66,0x6d,0x7d,0x07,0x7f,0x6f} ;
                   //数字0~9的编码
unsigned char dispbuf[8] = {1,2,3,4,2,2,2,2} ;
unsigned char ucStart_Flag = 0;//运行开始的标志位
void DelayUs2x( unsigned char t)
{
   while( --t) ;
}


void DelayMs( unsigned char t)
{
   while( t--)
   {
     DelayUs2x( 245) ;
     DelayUs2x( 245) ;
   }
}
/ * ----------------DS18B20 初始化---------------------------- * /
bit Init_DS18B20( void)
{
   bit dat = 0;
   DQ = 1;                    //DQ 复位
   DelayUs2x( 5) ;            //稍作延时
   DQ = 0;                    //单片机将 DQ 拉低
   DelayUs2x( 200) ;          //精确延时大于 480μs 小于 960μs
   DelayUs2x( 200) ;
   DQ = 1;                    //拉高总线
   DelayUs2x( 50) ;           //15~60μs 后接收 60~240μs 的存在脉冲
   dat = DQ;                  //如果 x = 0,则初始化成功;如果 x = 1,则初始化失败
   DelayUs2x( 25) ;           //稍作延时返回
   return dat;
}
/ * -----------------------读取 1 字节----------------------- * /
unsigned char ReadOneChar( void)
{
unsigned char i = 0;
unsigned char dat = 0;
for ( i = 8;i>0;i--)
   {
   DQ = 0;                    //给脉冲信号
   dat>> = 1;
   DQ = 1;                    //给脉冲信号
   if( DQ)
     dat | = 0x80;
   DelayUs2x( 25) ;
```

```
    }
   return(dat);
}
/* ----------------------------写入1字节---------------- */
void WriteOneChar(unsigned char dat)
{
   unsigned char i=0;
   for (i=8;i>0;i--)
   {
     DQ=0;
     DQ=dat&0x01;
     DelayUs2x(25);
     DQ=1;
     dat>>=1;
   }
DelayUs2x(25);
}
/* ----------------------读取温度---------------------- */
unsigned int ReadTemperature(void)
{
unsigned char a=0;
unsigned int b=0;
unsigned int t=0;
Init_DS18B20();
WriteOneChar(0xCC);              //跳过读序号、列号的操作
WriteOneChar(0x44);              //启动温度转换
DelayMs(10);
Init_DS18B20();
WriteOneChar(0xCC);              //跳过读序号、列号的操作
WriteOneChar(0xBE);       //读取温度寄存器等(共可读9个寄存器),前两个就是温度寄存器
a=ReadOneChar();                //低位
b=ReadOneChar();                //高位
b<<=8;
t=a+b;
return(t);
}
unsigned int ReadTemperature1(void)
{
static char cStep =0;
unsigned char a=0;
unsigned int b=0;
unsigned int t=0;
cStep++;
if(cStep ==1)
{
   Init_DS18B20();
   WriteOneChar(0xCC);           //跳过读序号、列号的操作
   WriteOneChar(0x44);           //启动温度转换
}
```

87

```c
    else if( cStep ==2)
    {
        Init_DS18B20( );
        WriteOneChar( 0xCC);              //跳过读序号、列号的操作
        WriteOneChar( 0xBE); //读取温度寄存器等(共可读 9 个寄存器),前两个就是温度寄存器
        a = ReadOneChar( );               //低位
        b = ReadOneChar( );               //高位
        cStep = 0;
        b<<=8;
        t=a+b;
    }
    return( t);
}
void scandisp( unsigned int uiDis_NumHigh, unsigned int uiDis_NumLow)
{
    unsigned char i, value;
    dispbuf[0] = uiDis_NumHigh/1000;
    dispbuf[1] = uiDis_NumHigh%1000/100;
    dispbuf[2] = uiDis_NumHigh%100/10;
    dispbuf[3] = uiDis_NumHigh%10;
    dispbuf[4] = uiDis_NumLow/1000;
    dispbuf[5] = uiDis_NumLow%1000/100;
    dispbuf[6] = uiDis_NumLow%100/10;
    dispbuf[7] = uiDis_NumLow%10;
    for (i=0;i<8;i++)
    {
        value = LEDData[ dispbuf[i]];
        if( i ==2)                        //显示小数点
            value | = 0x80;
        if( i ==6)                        //显示小数点
            value | = 0x80;
        P0=value;
        P2=dispbit[i];
        DelayMs(5);
        P2=0xff;
    }
}
unsigned char ucKey_Flag=0x00;
unsigned char ucKey_Time[3] = {0};
void KeyScan_Do( void)
{
    if( ( ucKey_Flag&0x80) ==0x00)//没有按键被按下
    {
        if( RELAY_0 ==0)
        {
            if( ( ucKey_Flag&0x01) ! =0x01)
            {
                ucKey_Flag=0x01;
```

```c
                ucKey_Time[ 0 ] = 0;
        }
        ucKey_Time[ 0 ] ++;
        if( ucKey_Time[ 0 ] >10)
        {
            if( ucDECTen_Flag = = 0)
            {
                if( uiWarry_Val < 1250)
                {
                    uiWarry_Val++;
                }
            }
            else if( ucDECTen_Flag = = 1)
            {
            if( uiWarry_Val < 1230)
                {
                    uiWarry_Val+ = 10;
                }
                else if( ( uiWarry_Val> = 1230) && ( uiWarry_Val < 1249))
                {
                    uiWarry_Val++;
                }
            }
            ucKey_Flag | = 0x80;
            ucKey_Time[ 0 ] = 0;
        }
    }
    else
    {
        ucKey_Time[ 0 ] = 0;
    }
    if( RELAY_1 = = 0)
    {
        if( ( ucKey_Flag&0x02) != 0x02)
        {
            ucKey_Flag = 0x02;
            ucKey_Time[ 1 ] = 0;
        }
        ucKey_Time[ 1 ] ++;
        if( ucKey_Time[ 1 ] >10)
        {
            if( ucDECTen_Flag = = 0)
            {
                if( uiWarry_Val>0)
                {
                    uiWarry_Val-- ;
                }
            }
            else if( ucDECTen_Flag = = 1)
```

89

```c
                    {
                    if( uiWarry_Val>11)
                        {
                            uiWarry_Val-=10;
                        }
                        else if( ( uiWarry_Val<=11) && ( uiWarry_Val>0) )
                        {
                            uiWarry_Val--;
                        }
                    }
                    ucKey_Time[1]    =0;
                    ucKey_Flag  |=0x80;
                }
            }
        else
        {
            ucKey_Time[1] =0;
        }
        if( RELAY_2==0)//最后一个按键   ucDECTen_Flag==可以增加 10
        {
            if( ( ucKey_Flag&0x04) !=0x04)
            {
                ucKey_Flag=0x04;
                ucKey_Time[2] =0;
            }
            ucKey_Time[2]++;
            if( ( ucKey_Flag&0x10)==0x00)
            {
                if( ucKey_Time[2]>10)
                {
                    ucKey_Time[2] =0;
                    ucKey_Flag  |=0x10;
                }
            }
        else if( ( ucKey_Flag&0x10)==0x10)
        {
            if( ucKey_Time[2]>30)
            {
                if( ucDECTen_Flag==0)
                {
                    ucDECTen_Flag=1;
                }
                else
                    ucDECTen_Flag=0;
                ucKey_Flag  |=0x80;
            }
        }
    }
}
else
{
```

```c
            if((ucKey_Flag &0x10)==0x10)
            {
                ucKey_Flag=0;
                uiWarry_Val=450;
            }
            ucKey_Time[2]=0;
        }

    }
    else if((ucKey_Flag&0x80)==0x80)      //没有按键被按下
        {
            if((ucKey_Flag&0x01)==0x01)
            {
                if(RELAY_0==1)
                  {
                    ucKey_Flag=0;
                  }
            }

            if((ucKey_Flag&0x02)==0x02)
            {
                if(RELAY_1==1)
                  {
                    ucKey_Flag=0;
                  }
            }
            if((ucKey_Flag&0x04)==0x04)
            {
                if(RELAY_2==1)
                  {
                    ucKey_Flag=0;
                  }
            }
        }

}
/* ---------------------定时器初始化子程序------------------- */
unsigned char Time_Use=0;
void Init_Timer0(void)
{
    TMOD |=0x01;  //使用模式1,16 位定时器,使用"|"符号可以在使用多个定时器时不
                    受影响
    TH0=(65536-2000)/256;                 //重新赋值 2ms
    TL0=(65536-2000)%256;
    EA=1;                                 //总中断打开
    ET0=1;                                //定时器中断打开
    TR0=1;                                //定时器开关打开
    PT1=1;
}
/* -----------------------主函数----------------------------- */
bit DSL8B20_ok=0;                         //DS18B20 存在的标志
char cTEMP_Again=0;                       //DS18B20 开始转化标志定时 1.5s 一次
```

91

```c
void main(void)
{
    DSL8B20_ok = Init_DS18B20();
    DSL8B20_ok = 1;
    Init_Timer0();                            //定时器0初始化
    while(1)                                  //主循环
    {
        if((DSL8B20_ok == 1) && (cTEMP_Again == 1))     //温度采集
        {
            cTEMP_Again    = 0;
            uiTemp_Val     = ReadTemperature1();
            if(uiTemp_Val    != 0)
            {
                if(uiTemp_Val &0x8000)
                {
                    uiTemp_Val = ~uiTemp_Val;              //取反加1
                    uiTemp_Val += 1;
                }
                TempH = uiTemp_Val>>4;
                TempL = uiTemp_Val &0x0F;
                //TempL = uiTemp_Val * 6/10;               //小数的近似处理
                uiTemp_New = TempH * 10+TempL;
                //uiTemp_New/ = 2;
                //Dis_Play_NEW(uiTemp_New, uiWarry_Val);
                if(uiTemp_New>uiWarry_Val)
                {
                    LED_1 = 0;
                    LED_0 = 1;
                }
                else
                {
                    LED_1 = 1;
                    LED_0 = 0;
                }
            }
        }
        scandisp(uiTemp_New, uiWarry_Val);
    }
}
/* ----------------定时器中断子程序---------------------------- */
   int iDSTime = 0;
void Timer0_isr(void) interrupt 1
{
    TH0 = (65536-2000)/256;                   //重新赋值2ms
    TL0 = (65536-2000)%256;
    KeyScan_Do();
    if(++iDSTime>200 )
    {
        cTEMP_Again = 1;
        iDSTime = 0;
    }
}
```

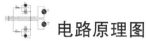

电路原理图

基于模糊控制的温度控制电路原理图如图 8-10 所示。

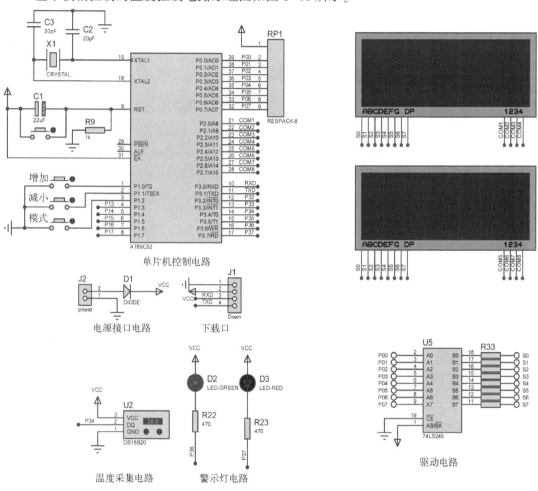

图 8-10　基于模糊控制的温度控制电路原理图

 调试与仿真

基于模糊控制的温度控制电路仿真结果如图 8-11~图 8-13 所示。

仿真结果分析：如图 8-11 所示，将预设温度值设为 30℃，当检测到当前温度为 28℃时，低于预设温度值，单片机通过与预设温度值比较，计算出误差和误差变化率，再通过查询根据模糊控制规则得出的控制表，找出正确、有效的控制代码，触发绿色二极管发光，报警提示外界需要采取加温措施。

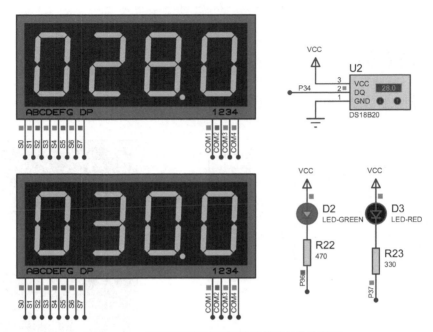

图 8-11　环境温度低于预设温度值时的仿真结果

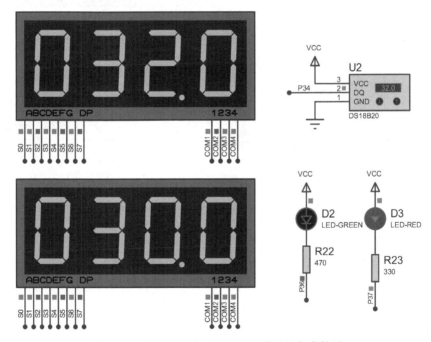

图 8-12　环境温度高于预设温度值时的仿真结果

　　如图 8-12 所示，将预设温度值设为 30℃，当检测到当前温度为 32℃时，高于预设温度值，此时红色二极管发光，提示外界需要采取降温措施。

　　如图 8-13 所示，通过按键改变预设温度值使其为 33℃，当前温度为 32℃时，低于预设温度值，此时绿色二极管发光，提示外界需要采取升温措施，仿真结果正确。

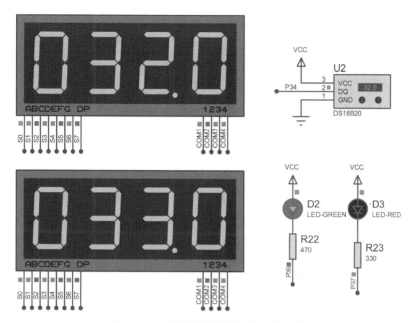

图 8-13　改变预设温度值的仿真结果

PCB 版图

电路板布线图（PCB 版图）如图 8-14 所示。

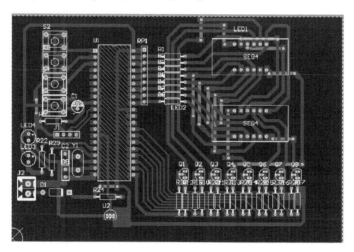

图 8-14　基于模糊控制的温度控制电路系统 PCB 版图

实物测试

实物图如图 8-15 所示。测试图如图 8-16 所示。

图 8-15 　基于模糊控制的温度控制系统实物图　图 8-16 　基于模糊控制的温度控制系统测试图

 思考与练习

（1）为什么原理图中数码管显示部分需要三极管驱动电路？

答：由于单片机 I/O 端口的输出电流很小，难以点亮数码管，所以在 COM1～COM8 八个端口需要分别串接 8 个三极管来增加电路的驱动能力。

（2）对比分析采用 DS18B20 数字式温度传感器与直接用测温电路的优劣之处。

答：采用数字式温度传感器 DS18B20，能够将温度值直接转换成数字量，可以通过一根数据线直接与单片机进行通信，而且不需要外部电路，也就不需要 A/D 转换器，完全满足设计要求，并且极大地提高了系统的精确度，也能够大大节省单片机的系统资源。

而利用热敏电阻之类的传感器件起感温效应的测温电路，（如电阻随温度的变化有一个变化曲线，即利用它的变化特性曲线）温度的变化使得电阻发生了变化，根据欧姆定律，电阻的变化会带来电流或电压的变化。再将随被测温度变化的电压或电流采集过来，然后将模拟信号转换成数字信号，虽然实现了既定功能，但由于器件较多，电路复杂，比较容易出错，而且精度低，所以采用数字式温度传感器更具优势。

（3）设计完成后请对该温度控制电路系统进行总结。

答：此系统可广泛用于温度在 DS18B20 测温范围之内的场合，有良好的应用前景。由于单片机的各种优越特性，使得它的经济效益显得更加突出，有很好的实用性，可以应用于仓库温度、大棚温度、机房温度、水池等的监控。另外，如果把本设计方案扩展为多点温度控制，加上上位机，则可以实现远程温度监控系统，将具有更大的应用价值。

 特别提醒

（1）当电路各部分设计完毕后，需对各部分进行适当连接，并考虑器件间相互的影响。对于电源一定要用 5V 稳压源来提供，并注意连接时的正、负极问题。

（2）调节预设标准温度时，应注意数码管第一位的小数点是否被点亮，以确定改变量是 1.0 还是 0.1 的精度。

（3）设计完成后要对电路进行数码管显示分析、单片机控制分析等测试。

项目 9　催眠电路设计

设计任务

为了让失眠者很快进入梦乡，电子催眠器能发出单调、重复的灯光不断闪烁，使失眠者产生困倦，从而尽快入眠。

基本要求

☺ 首先通过控制灯光不断闪烁发出的电路来产生信号电平，并将此电平通过单片机 I/O 接口传入单片机，通过单片机编程控制电路产生一定频率的波形。

☺ 把一定频率的波形通过单片机编程使之成为不断振荡的电路，这样人眼通过不断变化的、闪烁不断的光信号，会产生一种困倦感，从而达到快速入眠的目的。

总体思路

由单片机编程使 P3.0 输出振荡信号，经过三极管使扬声器发出类似雨滴的声音，使 LED 保持一定的闪烁频率，从而达到催眠的效果。如果在电源端增加一个简单的定时开关，则可以在使用者进入梦乡后及时切断电源。电路主要分为三部分：

☺ 稳压电源供电部分；
☺ 单片机控制电路部分；
☺ LED 及蜂鸣器显示结果部分。

系统组成

系统结构如图 9-1 所示。

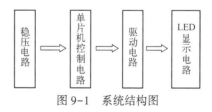

图 9-1　系统结构图

模块详解

1. 稳压电路

利用 7805 将 12V 外部电源供电转变为 5V 直流稳压供电，其电路如图 9-2 所示。

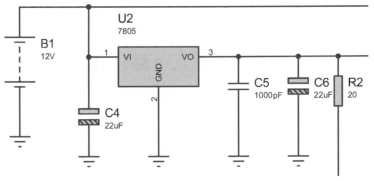

图 9-2 稳压电路

2. 单片机控制电路

单片机硬件电路包括晶振电路和复位电路。本设计采用外接 12MHz 晶振和 30pF 瓷片电容保证振荡稳定、可靠。采用上电复位电路。单片机工作时，内部程序使 P3.0 输出振荡信号，LED 会发出与声音同步的红色闪光。其中，TLP521 应用于电路之间的信号传输，使之前端与负载完全隔离，目的在于增加安全性，减小电路干扰，简化电路设计。单片机控制电路如图 9-3 所示。

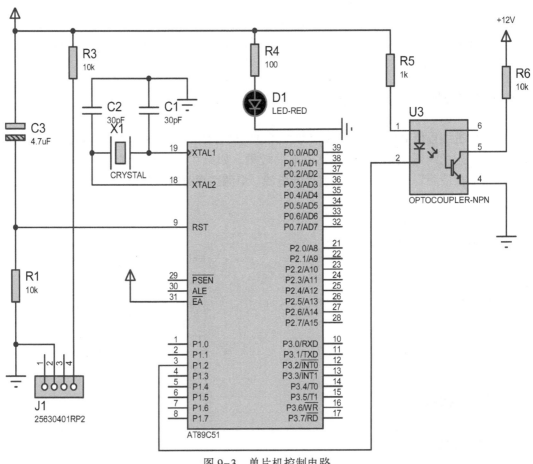

图 9-3 单片机控制电路

98

3. LED 显示电路

5 个 LED 并联，蜂鸣器和限流电阻也和其并联，一端接电源正极，另一端接 NPN 三极管，经三极管扩流后驱动 LED 灯闪烁和蜂鸣器发出嗒嗒声。显示电路如图 9-4 所示。

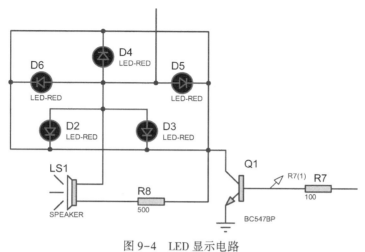

图 9-4　LED 显示电路

程序设计

催眠电路的程序设计流程如图 9-5 所示。

汇编语言程序源代码

```
delaytime     EQU 31H
exechi        EQU 32H
execlo        EQU 33H
mainhi        EQU 34H
mainlo        EQU 35H
ORG 000H
AJMP          MAIN;
ORG 003H                          //外部中断 0
AJMP          inter0
ORG 1bH
AJMP          t1int               //定时器中断 1
ORG 30H
MAIN：
    MOV       DPTR,#wavestar;
    CLR       EX0;                //外部中断 0 初始化
    MOV       SP,#07;
    MOV       exechi,#00H;
    MOV       execlo,#60H;
    MOV       mainhi,#00;
    MOV       mainlo,#30H;
    MOV       TMOD,#10H;          //定时器中断 1 初始化
    MOV       TH1,#03cH;
```

99

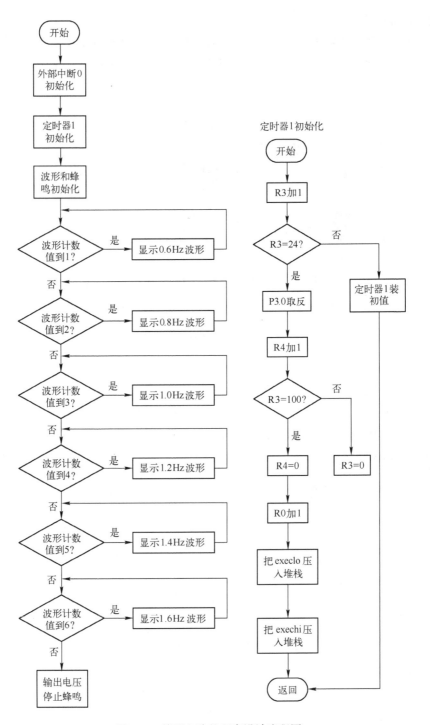

图 9-5　催眠电路的程序设计流程图

```
MOV     TL1,#0ffH;
SETB    EA;
SETB    ET1;
SETB    TR1;
MOV     R0,#03;              //脉冲波形及蜂鸣器初始化,R0是波形频率计数器
```

```
    MOV       R3,#00H
ORG 0060H
execu：
freq1：
    CJNE      R0,#01,freq2;
    ACALL     disp06;
    AJMP      freq1;
freq2：
    CJNE      R0,#02,freq3;
    ACALL     disp08;
    AJMP      freq2;
freq3：
    CJNE      R0,#03,freq4;
    ACALL     disp10;
    AJMP      freq3
freq4：
    CJNE      R0,#04,freq5;
    ACALL     disp12;
    AJMP      freq4;
freq5：
    CJNE      R0,#05,freq6;
    ACALL     disp14;
    AJMP      freq5
freq6：
    CJNE      R0,#06,nxtrnd;
    ACALL     disp16;
    AJMP      freq6
nxtrnd：
    CLR       ET1;
    CLR       IE0
    SETB      EX0;
    SETB      IT0;
    SETB      PX0;
    SETB      P1.2;              //输出高电压
    SETB      P1.3;              //输出高电压
    SETB      P3.0;              //停止发出蜂鸣声
    SJMP      $;                 //等在这里外部中断也起不了作用
    AJMP      execu;
;//////////////////////////0.6Hz//////////////////////////
disp06：
    MOV       A,#00H;           //下面这些决定了波形数据的时间沿
loopd06：
    MOV       delaytime,#30H;
delay06：
    MOV       R2,#66;
deloop06：
    DJNZ      R2,deloop06;
    DJNZ      delaytime,delay06;
    MOV       R1,A;             //通过 R1 把 A 保存
    MOVC      A,@ A+DPTR;       //DPTR 通过主函数初始化,通过定时器 0 初始化设置
    RL        A;
    RL        A;
```

101

```
        MOV     P1,A
        MOV     A,R1;
        INC     A;
        CJNE    A,#00H,loopd06;     //A 的第一个值设为 1
        RET;
;//////////////////////////0.8Hz//////////////////////////
Disp08:
        MOV     A,#00H;             //下面这些决定了波形数据的时间沿
Loopd08:
        MOV     delaytime,#30H;
Delay08:
        MOV     R2,#49;
deloop08:
        DJNZ    R2,deloop08;
        DJNZ    delaytime,delay08;
        MOV     R1,A;               //通过 R1 把 A 保存
        MOVC    A,@ A+DPTR;         //DPTR 通过主函数初始化,通过定时器 0 初始化设置
        RL      A;
        RL      A;
        MOV     P1,A
        MOV     A,R1;
        INC     A;
        CJNE    A,#00H,Loopd08;     //A 的第一个值设为 1
        RET
;//////////////1Hz//////////////////////////
disp10:
        MOV     A,#00H;             //下面这些决定了波形数据的时间沿
loopd10:
        MOV     delaytime,#030H;
delay10:
        MOV     R2,#39;
deloop10:
        DJNZ    R2,deloop10;
        DJNZ    delaytime,delay10;
        MOV     R1,A;               //通过 R1 把 A 保存
        MOVC    A,@ A+DPTR;         //DPTR 通过主函数初始化,通过定时器 0 初始化设置
        RL      A;
        RL      A;
        MOV     P1,A
        MOV     A,R1;
        INC     A;
        CJNE    A,#00H,loopd10;     //A 的第一个值设为 1
        RET
;//////////////////////1.2Hz//////////////
disp12:
        MOV     A,#00H;             //下面这些决定了波形数据的时间沿
loopd12:
        MOV     delaytime,#30H;
delay12:
        MOV     R2,#32;
deloop12:
        DJNZ    R2,deloop12;
```

```
        DJNZ      delaytime,delay12;
        MOV       R1,A;                    //通过 R1 把 A 保存
        MOVC      A,@ A+DPTR;              //DPTR 通过主函数初始化,通过定时器 0 初始化设置
        RL        A;
        RL        A;
        MOV       P1,A
        MOV       A,R1;
        INC       A;
        CJNE      A,#00H,loopd12;          //A 的第一个值设为 1
        RET;
;////////////////////1.4Hz///////////////
disp14:
        MOV       A,#00H;                  //下面这些决定了波形数据的时间沿
loopd14:
        MOV       delaytime,#30H;
delay14:
        MOV       R2,#28;
deloop14:
        DJNZ      R2,deloop14;
        DJNZ      delaytime,delay14;
        MOV       R1,A;                    //通过 R1 把 A 保存
        MOVC      A,@ A+DPTR;              //DPTR 通过主函数初始化,然后通过定时器 0 初始化设置
        RL        A;
        RL        A;
        MOV       P1,A
        MOV       A,R1;
        INC       A;
        CJNE      A,#00H,loopd14;          //A 的第一个值设为 1
        RET;
;////////////////////1.6Hz///////////////
disp16:
        MOV       A,#00H;                  //下面这些决定了波形数据的时间沿
loopd16:
        MOV       delaytime,#31H;
delay16:
        MOV       R2,#23;
deloop16:
        DJNZ      R2,deloop16;
        DJNZ      delaytime,delay16;
        MOV       R1,A;                    //通过 R1 把 A 保存
        MOVC      A,@ A+DPTR;              //DPTR 通过主函数初始化,然后通过定时器 0 初始化设置
        RL        A;
        RL        A;
        MOV       P1,A
        MOV       A,R1;
        INC       A;
        CJNE      A,#00H,loopd16;          //A 的第一个值设为 1
        RET;
;///////////t1 int//////
t1int:
        INC       R3;                      //每 0.05s 增加一次
        CJNE      R3,#24,load;
```

103

```
        CPL     P3.0;
        INC     R4;                  //每 1.2(0.05×24=1.2s)s 增加一次
        CJNE    R4,#100,next;
        MOV     R4,#00;
        MOV     R3,#00;
        INC     R0;                  //每 2(1.2×100s=120s)min 增加一次
        PUSH    execlo;
        PUSH    exechi;
        RETI;
next:
        MOV     R3,#00;
load:
        MOV     TH1,#03cH;
        MOV     TL1,#0ffH;
        RETI
;/////////inter0//////////////////////////外部中断
inter0:
rest:
delay:
        MOV     R7,#00H
loop:
        INC     R7;
        CJNE    R7,#0,loop;
        MOV     R0,#02;
        PUSH    mainlo;
        PUSH    mainhi;
        RETI;
;////////////////wave data///////////////
org 200H
wavestar:
rect:
db 252,252,252,252,252,252,252,252,252,252
db 253,253,253,253,253,253,253,253,253,253,253,253,253,253,253,253,253,253,253,253
db 253,253,253,253,253,253,253,253,253,253,253,253,253,253,253,253,253,253,253,253
db 253,253,253,253,253,253,253,253,253,253,253,253,253,253,253,253,253,253,253,253
db 253,253,253,253,253,253,253,253,253,253,253,253,253,253,253,253,253,253,253,253
db 253,253,253,253,253,253,253,253,253,253,253,253,253,253,253,253,253,253,253,253
db 253,253,253,253,253,253,253,253,253,253,253,253,253,253,253,253,253,253,253;
//118 个 253
db 252,252,252,252,252,252,252,252,252,252
db 254,254,254,254,254,254,254,254,254,254,254,254,254,254,254,254,254,254,254,254
db 254,254,254,254,254,254,254,254,254,254,254,254,254,254,254,254,254,254,254,254
db 254,254,254,254,254,254,254,254,254,254,254,254,254,254,254,254,254,254,254,254
db 254,254,254,254,254,254,254,254,254,254,254,254,254,254,254,254,254,254,254,254
db 254,254,254,254,254,254,254,254,254,254,254,254,254,254,254,254,254,254,254,254
db 254,254,254,254,254,254,254,254,254,254,254,254,254,254,254,254,254,254,254;
//118 225s
end
```

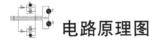 **电路原理图**

催眠电路原理图如图 9-6 所示。

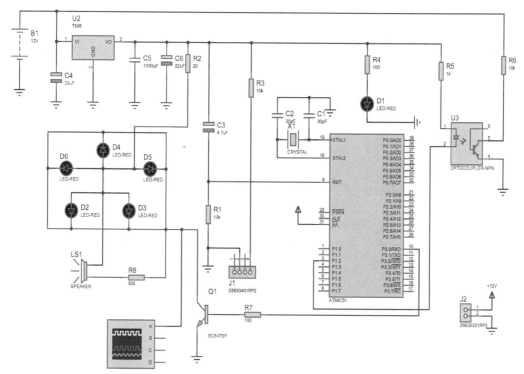

图 9-6　催眠电路原理图

 调试与仿真

催眠电路的仿真结果如图 9-7 所示。

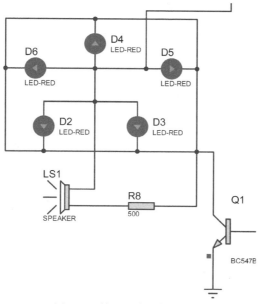

图 9-7　催眠电路的仿真结果

105

电路仿真结果分析：上电后，单片机控制电路产生一定频率的波形，如图 9-8 所示，LED 灯以一定的频率闪烁，使人产生一种困倦感，从而达到了催眠的效果。

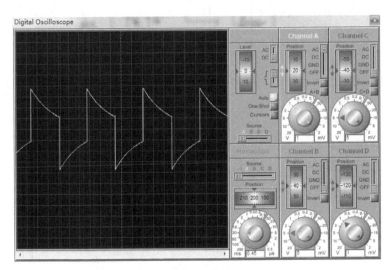

图 9-8　单片机 P3.0 端口输出波形

 **PCB 版图**

电路板布线图（PCB 版图）如图 9-9 所示。

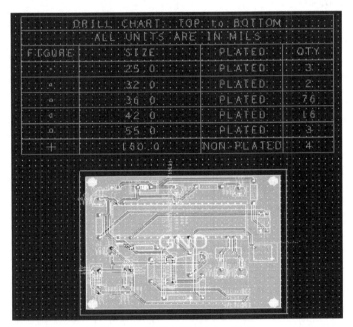

图 9-9　催眠电路的 PCB 版图

催眠电路实物图如图 9-10 所示。

图 9-10　催眠电路实物图

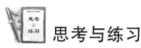 思考与练习

（1）本设计中怎样为单片机电路提供稳压电源，其优点主要有哪些？

答：本设计中使用了三端固定输出电压式稳压电源 7805，运用其器件内部电路来实现过电压保护、过电流保护、过热保护，这使它的性能很稳定；能够实现 1A 以上的输出电流，器件具有良好的温度系数；7805 有多种电压输出值，即 5~24V，因此产品的应用范围很广泛，可以运用本地调节来消除噪声影响，从而解决与单点调节相关的分散问题，输出电压误差精度分为±3%和±5%。

（2）TLP521 是什么类型的器件，在本设计中有何作用？

答：TLP521 是可控制的光电耦合器件，应用于电路之间的信号传输，使之前端与负载完全隔离，目的在于增加安全性，减小电路干扰，简化电路设计。

（3）本设计中如何驱动 LED 灯显示催眠作用？

答：电路导通时，P3.0 通过程序使 BC547BP 发射极输出振荡信号，LED 会发出与声音同步的红色闪光。

 特别提醒

（1）稳压电源 7805 等器件的引脚接法。

（2）AT89C52 与 STC89C52 均可执行该电路，若采用 20 引脚的 AT89C2051，只需将对应的引脚接对即可替换。

项目 10　电子治疗仪电路设计

设计任务

设计一个可以产生高压脉冲的电子治疗仪电路，实现在人的颈椎的各个穴位上进行按摩的功能，以达到治疗目的。

总体思路

系统硬件设计包括电源电路、主控电路、按键电路、LED 电路及变压器构成的升压电路。软件设计主要包括单片机控制的脉冲发生程序及启动按键检测程序等。采用 STC89C52 为主控芯片，通过单片机产生一定频率的脉冲信号，然后经过变压器升压电路，获得高压脉冲信号。

系统组成

电子治疗仪的系统结构框图如图 10-1 所示。

系统工作时，单片机输出一定频率的脉冲信号，再经过变压比为 1:24 的变压器，使得输出的脉冲信号达到 120V，再通过电极将脉冲信号传送到人体，从而实现电疗的功能。

经过实物测试，在变压器的副端获得了幅值为 104V 的脉冲信号，再经过两个电极与人体接触，从而实现电疗的目的。

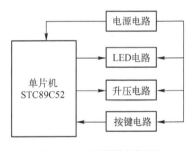

图 10-1　系统结构框图

模块详解

1. 电源电路

图 10-2 是电源电路。系统中使用到两种幅值的电源，分别为 12V 和 5V。12V 给整个电路供电，升压电路中采用的是 12V 供电。通过 7805 电压转换电路，将 12V 的电压转换

为 5V，给主控电路、LED 电路、按键电路供电。

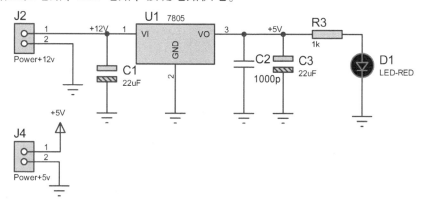

图 10-2 电源电路

2. 主控电路

在本系统的设计中，从价格、熟悉程度及满足系统的需求等方面考虑采用了 STC89C52 单片机。STC89C52 是一种低功耗、高性能 CMOS 8 位微控制器，具有 8K 在系统可编程 Flash 存储器。在单芯片上，拥有灵巧的 8 位 CPU 和在系统可编程 Flash，使得 STC89C52 可以为众多嵌入式控制应用系统提供高灵活、超有效的解决方案。STC89C52 单片机芯片的引脚介绍如下。

- ➢ 引脚 1~8：P1 口，8 位准双向 I/O 口，可驱动 4 个 LS 型 TTL 负载。
- ➢ 引脚 9：RESET 复位键，单片机的复位信号输入端，对高电平有效。当进行复位时，要保持 RST 引脚大于两个机器周期的高电平时间。
- ➢ 引脚 10，11：RXD 串口输入，TXD 串口输出。
- ➢ 引脚 12~19：P3 口，P3.2 为 $\overline{\text{INT0}}$中断 0，P3.3 为$\overline{\text{INT1}}$中断 1，P3.4 为计数脉冲 T0，P3.5 为计数脉冲 T1，P3.6 为$\overline{\text{WR}}$写控制，P3.7 为$\overline{\text{RD}}$读控制输出端。
- ➢ 引脚 21~28：P2 口，8 位准双向 I/O 口，与地址总线（高 8 位）复用，可驱动 4 个 LS 型 TTL 负载。
- ➢ 引脚 29：$\overline{\text{PSEN}}$片外 ROM 选通端，单片机对片外 ROM 操作时，该脚输出低电平。
- ➢ 引脚 30：ALE/PROG 地址锁存器。
- ➢ 引脚 31：访问外部程序存储器控制信号。
- ➢ 引脚 32~39：P0 口，双向 8 位三态 I/O 口，此口为地址总线（低 8 位）及数据总线分时复用口，可驱动 8 个 LS 型 TTL 负载。
- ➢ 引脚 40：电源+5V。

单片机为整个系统的核心，控制整个系统的运行，其主控电路如图 10-3 所示。

3. 按键电路

图 10-4 是按键电路。本部分电路的功能主要是停止整个电疗过程，当按下按键时，电路停止工作。

4. LED 电路

图 10-5 是 LED 电路。本部分电路的功能主要是指示系统是否正常上电，通过 LED 端输出高电平，使得 Q1 导通，此时，如果系统已经正常上电，则发光二极管 D2 亮，

否则不亮。

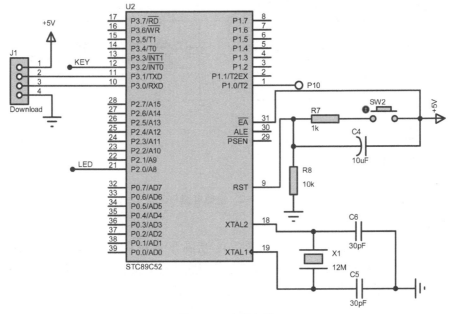

图 10-3　主控电路

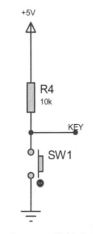

图 10-4　按键电路

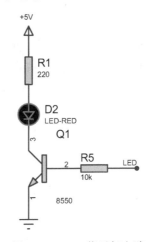

图 10-5　LED 指示灯电路

5. 升压电路

变压器利用电磁感应原理，从一个电路向另一个电路传递电能或传输信号的一种电器是电能传递或作为信号传输的重要元件。变压器可将一种电压的交流电能变换为同频率的另一种电压的交流电能。变压器的主要部件是一个铁心和套在铁心上的两个绕组。变压器原理图如图 10-6 所示。

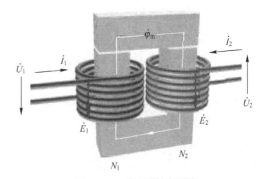

图 10-6　变压器原理图

110

与电源相连的线圈接收交流电能，称为一次绕组；与负载相连的线圈送出交流电能，称为二次绕组。设一次绕组和二次绕组的电压相量 U_1，电压相量 U_2，电流相量 I_1，电流相量 I_2，电动势相量 E_1，电动势相量 E_2，匝数 N_1，匝数 N_2。铰链一次绕组和二次绕组的磁通量的相量为 φ_m，该磁通量称为主磁通，使用时需注意确定图 10-6 所示各物理量的参考方向，不计一次、二次绕组的电阻和铁耗，其间耦合系数 $K=1$ 的变压器称为理想变压器。

描述理想变压器的电动势平衡方程式为

$$E_1(t) = -N_1 \mathrm{d}\varphi/\mathrm{d}t \tag{10-1}$$

$$E_2(t) = -N_2 \mathrm{d}\varphi/\mathrm{d}t \tag{10-2}$$

若一次、二次绕组的电压、电动势的瞬时值均按正弦规律变化，则有

$$U_1/U_2 = E_1/E_2 = N_1/N_2 \tag{10-3}$$

不计铁心损失，根据能量守恒原理可得

$$U_1 I_1 = U_2 I_2 \tag{10-4}$$

由此得出一次、二次绕组电压和电流有效值的关系为

$$U_1/U_2 = I_2/I_1 \tag{10-5}$$

令 $k = N_1/N_2$，称为匝比（也称电压比），则

$$U_1/U_2 = k$$

$$I_1/I_2 = 1/k \tag{10-6}$$

在本设计中，变压器选用 TRAN-2P2S，目的是将单片机输出 5V 脉冲升压到 120V，变压比为 1:24，采用单绕的方式，变压器的功率为 3W，用音频变压器材料就可以。由变压器构成的升压电路如图 10-7 所示。

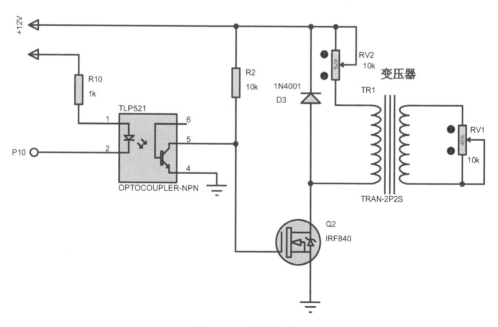

图 10-7 升压电路

111

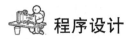 程序设计

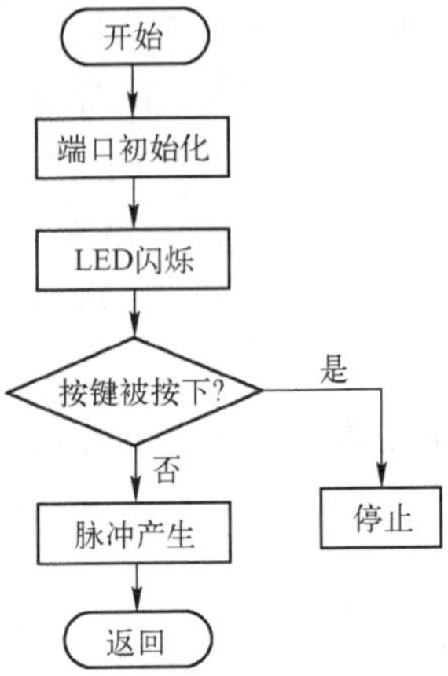

系统的程序流程图如图 10-8 所示。

图 10-8 右侧流程图：

开始 → 端口初始化 → LED闪烁 → 按键被按下？ →是→ 停止；否→ 脉冲产生 → 返回

图 10-8　系统的程序流程图

C 语言程序源代码

```c
#include" reg52. h"
sbit LED = P2^0;
sbit OUT = P1^0;
//sbit OUT = P2^1;
sbit key = P3^2;
#define   uchar   unsigned char
#define   uint    unsigned int
uint i,j;
/*********** 延时 ms 子程序,12MHz 晶振下 *****************/
void delay_ms( unsigned int time)
{
    unsigned int i,j;
    for( i = 1;i <= time;i++)
        for( j = 1;j <= 125;j++) ;
}
/******************** 延时函数 ***************************/
/************** LED( D2)闪烁亮几秒,表示单片机正常工作 *************/
void start( )
{
  uchar z;
  for( z = 5;z>0;z--)
  {
    LED = ~ LED;
    delay_ms( 500) ;
  }
  LED = 1;
}
/******************* 主函数 **************************/
void main( )
{
  start( ) ;
  while( key)
  {
  OUT = 1;
  delay_ms( 100) ;
//    i = i+1;              //变化量
  OUT = 0;
  delay_ms( 100) ;
//    j = j-1;              //变化量
  }
}
```

112

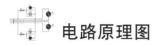

电路原理图

电子治疗仪电路的整体原理图如图 10-9 所示。

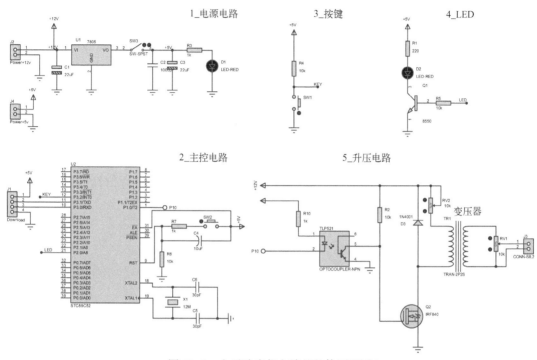

图 10-9　电子治疗仪电路的整体原理图

调试与仿真

　　光耦合器简称光耦，是开关电源电路中常用的器件，应用于数字电路中，可以将脉冲信号进行放大，单片机 P1.0 端口输出的信号经光耦合器 TLP521 后对波形进行仿真，如图 10-10 所示。

　　IRF840 是一种 N 沟道增强型场效应晶体管，它采用的是一种先进的功率MOSFET 设计，测试时能够保证制定的承受水平。由于其导通电阻低，常用作开关稳压器、开关转换器、电动机驱动器、继电器驱动器，以及大功率驱动器等大电流应用场合。对 IRF840 输入/输出信号仿真结果如图 10-11 所示。

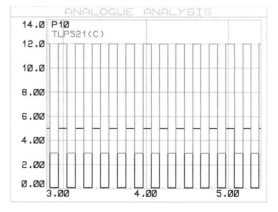

图 10-10　对光耦合器 TLP521 输入/输出信号仿真

电子治疗仪的输出电压仿真如图 10-12 所示。

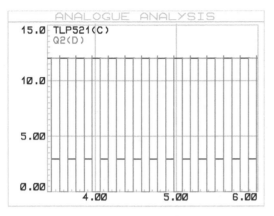 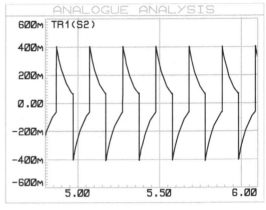

图 10-11　对 IRF840 输入/输出信号仿真　　　　图 10-12　电子治疗仪的输出电压仿真图

　　仿真分析：电压经变压器 TR1 升压，对变压器输出电压波形进行仿真可以看出，经过变压器升压电路，获得高压脉冲信号，从而达到治疗目的。

 PCB 版图

　　电路板布线图（PCB 版图）如图 10-13 所示。

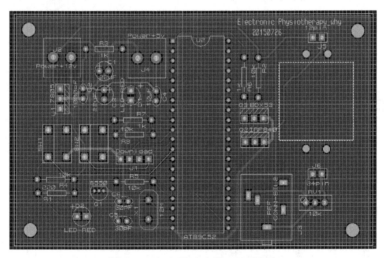

图 10-13　电子治疗仪 PCB 版图

 实物测试

　　电子治疗仪实物图如图 10-14 所示，图 10-15 为其实测图。

图 10-14 电子治疗仪实物图

图 10-15 电子治疗仪实测图

 思考与练习

（1）理想变压器的电动势平衡方程式是什么？

$$E_1(t) = -N_1 \mathrm{d}\varphi/\mathrm{d}t$$
$$E_2(t) = -N_2 \mathrm{d}\varphi/\mathrm{d}t$$

（2）一次、二次绕组电压和电流有效值的关系是什么？

$$U_1/U_2 = I_2/I_1$$

（3）如果匝比为 $k = N_1/N_2$，则一次、二次绕组电压和电流有效值应有什么关系？

$$U_1/U_2 = k$$
$$I_1/I_2 = 1/k$$

 特别提醒

使用变压器时，应注意其使用方法，原端和副端不要接反。

项目 11 室内天然气泄漏报警装置设计

设计任务

设计一个简单的室内天然气泄漏报警装置，当室内天然气泄漏时，能马上报警提醒，以防止事故的发生。

基本要求

☺ 需要对天然气有很高灵敏度的传感器。
☺ 能够及时报警，无延时。

高级要求

室温显示部分采用 DS18B20 温度传感器，并通过 7 段数码管显示当前温度值。

总体思路

MQ-4 传感器将感应到的气体的信号传给单片机，由单片机控制报警电路报警。

系统组成

室内天然气泄漏报警系统主要分为四部分。
☺ 第一部分：5V 直流电源、开关、指示电路。这部分为整个电路提供 5V 的稳定电压。
☺ 第二部分：传感器模块。这部分将气体信号转换为电信号给单片机。
☺ 第三部分：单片机控制模块。这部分负责接收传感器的信号和对报警电路的控制。
☺ 第四部分：测试、报警电路。当有天然气泄漏时测试灯 D4 亮，蜂鸣器报警。
整个系统方案的模块框图如图 11-1 所示。

116

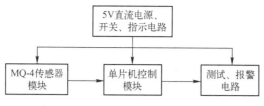

图 11-1　整个系统方案的模块框图

 模块详解

1. 单片机控制电路

单片机控制电路原理图如图 11-2 所示，分为三部分，即振荡电路、复位电路和单片机。振荡电路由晶振和电容组成，其中主要为晶振，晶振的作用是为系统提供基本的时钟信号。在单片机系统里晶振的作用非常大，它结合单片机内部电路，产生单片机所必需的时钟频率，单片机一切指令的执行都建立在这个基础上。复位电路的作用是对单片机复位，而单片机是系统的核心，通过对单片机进行编程，可对整个系统进行控制，从而实现天然气泄漏报警功能。晶振 X1 的两端分别接单片机 XTAL1 和 XTAL2。复位电路一端接地，另一端接单片机的 RST 端。

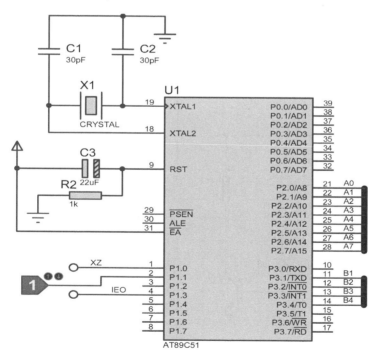

图 11-2　单片机控制电路原理图

2. MQ-4 传感器模块电路

要求：当外部有天然气泄漏时，引起传感器内部阻值变化，并把该变化的信号传递给单片机电路，MQ-4 传感器在较宽的浓度范围内对可燃气体有良好的灵敏度，对甲烷的灵敏度较高，使用寿命长，低成本，简单的驱动电路即可使用。

在本设计中，选择的气体传感器属于电阻式传感器，而 Proteus 元件库中没有 MQ-4 气体传感器。由于 MQ-4 气体传感器的两个信号输出端为电阻信号，由 MQ-4 灵敏度特性可知 R 的取值范围为 2~20kΩ，所以在仿真时，MQ-4 传感器由 20kΩ 的滑动变阻器代替。气体检测模块原理图如图 11-3 所示。

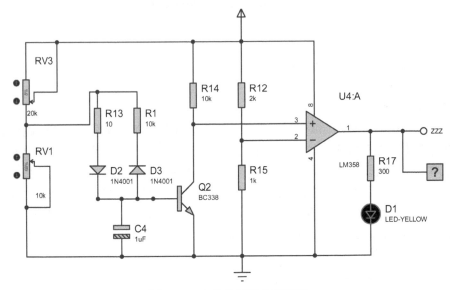

图 11-3　气体检测模块原理图

当没有天然气泄漏时，RV3 约为 20kΩ，此时该检测模块的输出端为高电平，绿色 LED 发光，如图 11-4 所示。

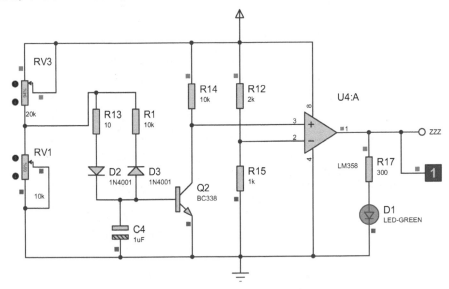

图 11-4　无天然气泄漏时的电路图

当有天然气泄漏时，RV3 约为 2kΩ，此时该检测模块的输出端为低电平，绿色 LED 熄灭，如图 11-5 所示。

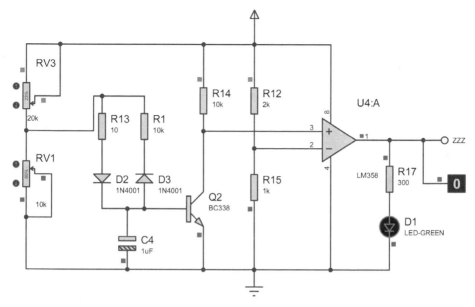

图 11-5 有天然气泄漏时的电路图

3. 声光报警电路

要求：当外界无天然气泄漏时，LED 灯 D4 灭，蜂鸣器不响；当有天然气泄漏时，D4 亮，同时蜂鸣器报警。声光报警电路原理图如图 11-6 所示。

当单片机 P1.1 引脚为高电平时，表示没有天然气泄漏，IEO 为高电平 5V，此时 LED 不发光，如图 11-7 所示。

当 IEO 单片机 P1.1 引脚为低电平时，表示有天然气泄漏，此时 LED 灯闪烁，蜂鸣器报警，如图 11-8 所示。

4. 温度检测模块

DS18B20 可以把温度直接转化为串行数字信号，使用中不需要附加电路，但与主机通信有严格的时序要求。温度检测模块原理图如图 11-9 所示。DS18B20 输出端 XZ 与单片机引脚 P1.0 相接，将数据传入单片机进行处理。

5. 温度显示模块

温度显示模块原理图如图 11-10 所示。74LS245 的使能端和方向控制端同时接地，此时，74LS245 的工作状态为数据由 B 向 A 传送。7 段数码管段选位通过限流电阻接到 74LS245 的 A 总线，74LS245 的 B 总线接单片机接口的 P2 口。

温度为正值时的仿真结果如图 11-11 所示。此时 DS18B20 的设定温度为 23.0℃，经 4 位 7 段数码管显示为 23.0℃，显示结果正确。

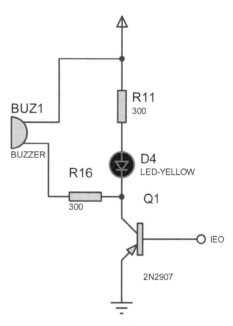

图 11-6 声光报警电路原理图

119

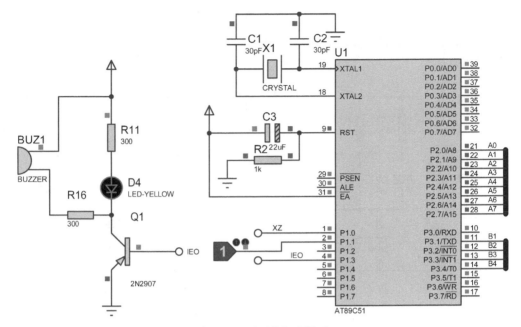

图 11-7　无天然气泄漏时

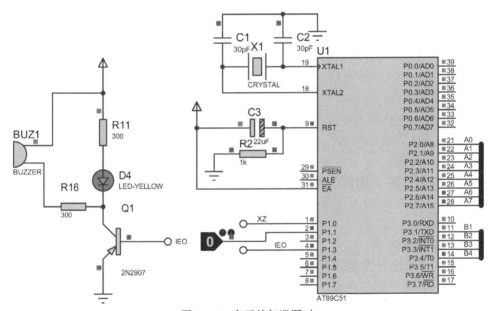

图 11-8　有天然气泄漏时

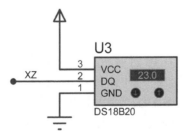

图 11-9　温度检测模块原理图

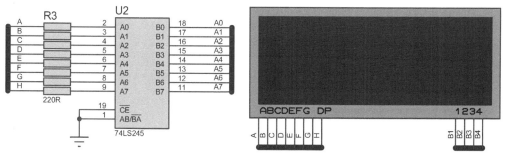

图 11-10　温度显示模块原理图

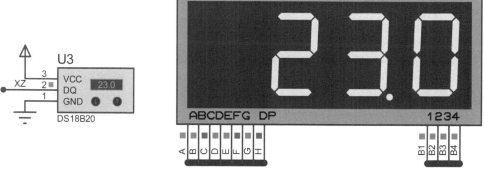

图 11-11　温度为 23℃的仿真结果

程序设计

室内天然气泄漏报警装置程序设计流程图如图 11-12 所示。

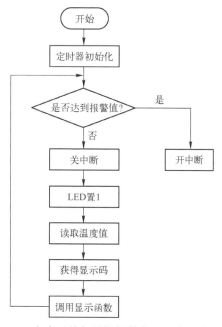

图 11-12　室内天然气泄漏报警装置程序设计流程图

121

C 语言程序源代码

```
// ***************************************************
//包含文件,程序开始
// ***************************************************
#include <reg51. h>
#define  uchar  unsigned char
#define  uint   unsigned int
sbit DQ = P1^0;//DS18B20 数据线引脚
sbit LED = P1^3;
sbit input = P1^1;
unsigned char flag;//负数标志
//行扫描数组
uchar code scan[4] = {0xef,0xf7,0xfb,0xfd};
//数码管显示的段码表
uchar code table[13] = {0x3F,0x06,0x5B,0x4F,0x66,0x6D,0x7D,0x07,0x7F,
0x6F,0x40,0x39,0x00};//,-,C,kong
//小数部分显示查询表
uchar code ditab[16] = {0x00,0x01,0x01,0x02,0x03,0x03,0x04,0x04,0x05,0x06,0x06,
0x07,0x08,0x08,0x09,0x09};
uchar  dispbuf[8];//显示缓冲区
uchar  temper[2];//存放温度的数组
uchar  TCNT;
// ***************************************************
//延时函数
// ***************************************************
void delay(unsigned int us)
{
    while(us--);
}
// ***************************************************
//DS18B20 复位函数
// ***************************************************
void reset(void)
{
    uchar x = 0;
    DQ = 1;
    delay(8);
    DQ = 0;
    delay(80);
    DQ = 1;
    delay(14);
    x = DQ;
    delay(20);
}
// ***************************************************
//从 DS18B20 中读一字节
// ***************************************************
uchar readbyte(void)
{
    uchar i = 0;
```

122

```
    uchar dat = 0;
    for(i = 8;i>0;i--)
     {
       DQ = 0;
       dat>> = 1;
       DQ = 1;
       if(DQ)
       dat| = 0x80;
       delay(4);
     }
    return(dat);
  }
// ********************************************
//向 DS18B20 中写一字节
// ********************************************
void writebyte(unsigned char dat)
 {
   uchar i = 0;
   for(i = 8;i>0;i--)
    {
      DQ = 0;
      DQ = dat&0x01;
      delay(5);
      DQ = 1;
      dat>> = 1;
       }
   delay(4);
 }
// ********************************************
//从 DS18B20 中读取实时温度值
// ********************************************
void readtemp(void)
 {
   uchar a = 0,b = 0;
   reset();
   writebyte(0xCC);          //跳过序列号
   writebyte(0x44);          //启动温度转换
   reset();
   writebyte(0xCC);
   writebyte(0xBE);          //读 9 个寄存器,前两个为温度
   a = readbyte();           //低位
   b = readbyte();           //高位
   if(b>0x0f)                //判断是否为负值
      {
            a = ~ a+1;
            if(a = = 0)
            b = ~ b+1;
            else b = ~ b;
            flag = 10;
      }
   else flag = 12;
```

123

```
        temper[0] = a&0x0f;
        a = a>>4;
        temper[1] = b<<4;
        temper[1] = temper[1] |a;
}
// ***************************************
//动态扫描显示函数
// ***************************************
void scandisp( )
{
    unsigned char i,value;
    for(i=0;i<4;i++)
        {
        P3 = 0xff;
        value = table[ dispbuf[ i ] ];
        if(i==2)
        value |= 0x80;
        P2 = value;
        P3 = scan[ i ];
        delay(90);
        }
}
// ***************************************
//定时中断函数
// ***************************************
  void Timer0( void) interrupt 1    using    1
{
    TH0 = (65536-50000)/256;
    TL0 = (65536-50000)%256;
    TCNT++;
    if(TCNT==6)
        {
        TCNT = 0;
        LED = ~LED;
        }
}
// ***************************************
//主函数
// ***************************************
void main( )
{
    uchar temp,temp1;
    TCNT = 0;
    TMOD = 0x01;
    TH0 = (65536-50000)/256;
    TL0 = (65536-50000)%256;
    IE = 0x82;
    while(1)
    {
        if( input==0)
            TR0 = 1;
```

124

```
        else
        {
            TR0 = 0;
            LED = 1;
        }
        readtemp( );
        temp1 = temper[ 0 ];
        temp = temper[ 1 ];
        //dispbuf[ 3 ] = ditab[ temp1 ];
        dispbuf[ 3 ] = 1;
        dispbuf[ 2 ] = temp%10;
        temp = temp/10;
        dispbuf[ 1 ] = temp%10;
        dispbuf[ 0 ] = flag;
        scandisp( );
    }
}
```

电路原理图

室内天然气泄漏报警电路原理图如图 11-13 所示。

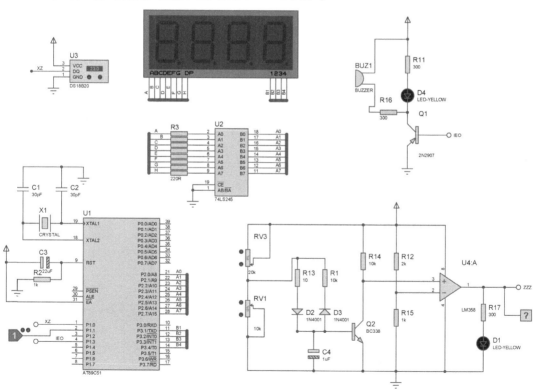

图 11-13　室内天然气泄漏报警电路原理图

125

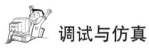 **调试与仿真**

系统仿真结果如图 11-14 和图 11-15 所示。

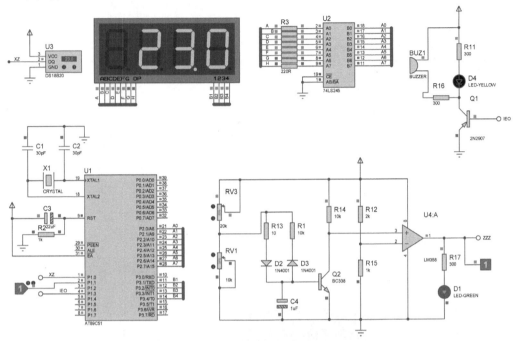

图 11-14 无天然气泄漏时的仿真结果

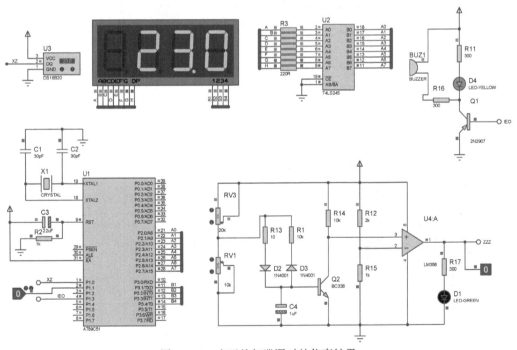

图 11-15 有天然气泄漏时的仿真结果

126

仿真结果分析：由图 11-14 可以看出，当没有天然气泄漏时，检测模块的输出端为高电平，绿色 LED 发光，黄色 LED 熄灭，DS18B20 测温结果显示正确。

由图 11-15 可以看出，当有天然气泄漏时，检测模块的输出端为低电平，黄色 LED 闪烁，蜂鸣器报警，绿色 LED 熄灭，DS18B20 测温结果正常显示。

 PCB 版图

电路板布线图（PCB 版图）如图 11-16 所示。

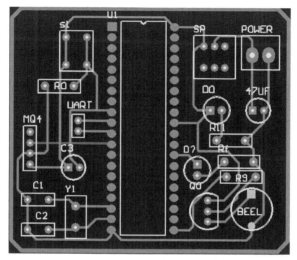

图 11-16　室内天然气泄漏报警装置 PCB 版图

 实物测试

室内天然气泄漏报警装置实物图如图 11-17 所示，其测试图如图 11-18 所示。

图 11-17　室内天然气泄漏报警装置实物图

图 11-18　室内天然气泄漏报警装置测试图

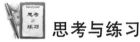 **思考与练习**

（1）MQ-4 传感器主要对什么气体敏感？使用它时需注意哪些事项？

答：MQ-4 气体传感器对甲烷灵敏度高，对酒精及其他一些干扰性气体有较强的抗干扰能力。注意事项：①避免暴露于可挥发性硅化合物蒸汽中。②避免高腐蚀性环境。③避免接触到水和结冰。④施加电压过高。

（2）晶振的全称是什么？其作用如何？

答：晶振的全称是晶体振荡器，其作用是为系统提供基本的时钟信号。在单片机系统里晶振的作用非常大，它结合单片机内部电路，产生单片机所必需的时钟频率，单片机一切指令的执行都是建立在这个基础上的，晶振提供的时钟频率越高，单片机的运行速度也就越快。

 特别提醒

（1）当电路各部分设计完毕后，需对各部分进行适当的连接，并考虑器件间的相互影响。

各部分的连接顺序为：MQ-4 传感器模块→单片机控制电路测试→报警电路→直流电源。

（2）设计完成后要对电路进行连接检查、传感器测试、程序调试等。

项目 12　数控稳压电源设计

设计任务

本设计为一种基于单片机的数控稳压电源，原理是通过单片机控制数模转换，再经过模拟电路电压调整实现后面稳压模块的输出。

基本要求

（1）系统输出电压为 8~12V 步进可调，步进值为 0.1V。

（2）初始化显示电压为常用电压 10V。

（3）电压调整采用独立式按键调整，按一次增加键，电压增加 0.1V，按一次减小键，电压减小 0.1V。

总体思路

整个电路采用整流滤波，初步稳压电路为后面的处理电路提供稳定电压，采用核心控制器件单片机 AT89C52 控制输出一定的数字量，通过数模转换电路将数字量转换为模拟量；后续为电压调整电路，包括反相放大电路和反相求和运算电路，将模拟电压调整到单片机控制的数码管显示的电压值；最后为输出稳压电路，设计一个输出可调的稳压电路，使其输出跟随调整后的电压变化，从而达到稳压电源的设计要求。

系统组成

数控稳压电源电路分为七个部分。

☺ 第一部分为整流滤波初步稳压电路：为后续各模块电路供电。

☺ 第二部分为单片机控制电路：控制数码管显示电压及通过按键电路调整输出的数字量，以及输出电压的显示。

☺ 第三部分为数码显示电路：显示和最终输出端模拟电压相等的电压值。

☺ 第四部分为数模转换电路：将单片机输出的数字量转换为模拟量，便于后续电压调整电路调整电压。

☺ 第五部分为反相放大电路：将模拟电压值放大两倍。

☺ 第六部分为反相求和运算电路：进一步调整电压值，使输出模拟电压为数码管显示的值。

☺ 第七部分为输出稳压电路：使电路的输出随着调整后的电压变化，并且达到输出稳压的效果。

整个系统方案的模块框图如图 12-1 所示。

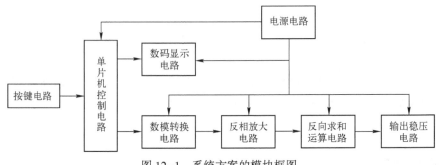

图 12-1　系统方案的模块框图

 模块详解

1. 整流滤波初步稳压电源电路

整流滤波稳压电源电路如图 12-2 和图 12-3 所示。整流滤波初步稳压电路由带中心抽头的变压器、桥式整流电路、电容滤波电路、三端稳压器 7818、7918、7809、7909、7805，以及滤波电容组成。变压器进行降压，利用两个半桥轮流导通，形成信号的正半周和负半周。电路在三端稳压器的输入端接入电解电容 1000μF，用于电源滤波，其后并入电解电容 4.7μF 用于进一步滤波。在三端稳压器输出端接入电解电容 4.7μF 用于减小电压纹波，而并入陶瓷电容 0.1μF 用于改善负载的瞬态响应并抑制高频干扰。经过滤波后三端稳压器 7818 输出端为+18V 的电压，7918 输出端为-18V 的电压，7809 输出端为+9V电压，7909 输出端为-9V 的电压，7805 输出端为+5V 的电压，分别为后续电压控制部分和电压调整部分提供稳定的供电电压。

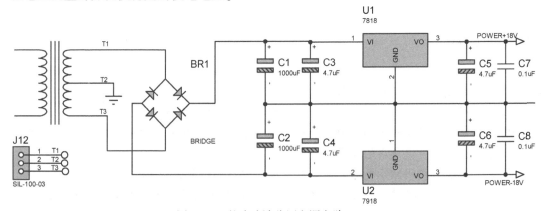

图 12-2　整流滤波稳压电源电路（1）

130

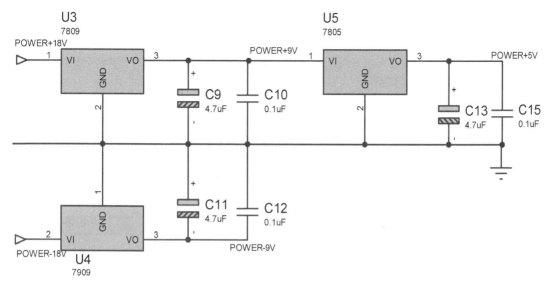

图 12-3　整流滤波稳压电源电路（2）

直流稳压电源包括电源变压器、整流、滤波和稳压四个部分。交流电源变换成直流稳压电源框图如图 12-4 所示。采用的 V1 为 220V 正弦交流电源，频率为 50Hz，经过变压器降压，输出 30V 的交流电压，经变压器降压的电路如图 12-5 所示。

交流电源 → 变压器 → 整流电路 → 滤波电路 → 稳压电路 → 负载

图 12-4　交流电源变换成直流稳压电源框图

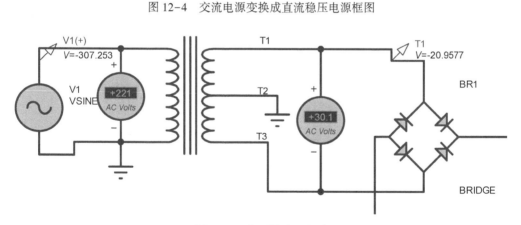

图 12-5　变压器降压电路

变压器把 220V 交流电变换为整流所需的交流电压 30V，变压器原边、副边电压波形如图 12-6 所示。整流电路利用二极管的单向导电性，将交流电压变成单向的脉动电压，整流电路输出电压波形如图 12-7 所示。滤波电路利用电容等储能元件，减少整流输出电压中的脉动成分，滤波电路输出波形如图 12-8 所示。最终，稳压电路通过三端稳压器 7818、7918、7809、7909、7805 分别输出直流电 +18V、−18V、+9V、−9V 和 +5V，从而实现输出电压的稳定，如图 12-9 所示。

131

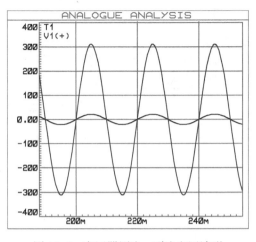

图 12-6　变压器原边、副边电压波形

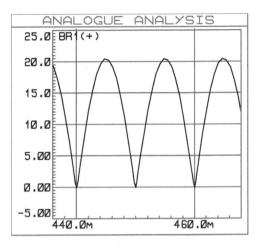

图 12-7　整流电路输出电压波形图

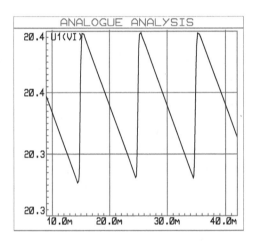

图 12-8　滤波电路输出波形

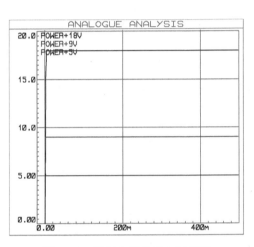

图 12-9　稳压电路输出电压波形

2. 单片机控制电路

单片机控制电路如图 12-10 所示，单片机最小系统包括晶振电路和复位电路。复位电路采用上拉电解电容上电复位电路。本设计采用的是 HMOS 型 MCS-51 振荡电路，当外接晶振时，C14 和 C16 值通常选择 30pF。单片机晶振采用 12MHz。

单片机控制电路还包括两个用于控制输出电压增加和减小的按键 ADD 和 DEC。单片机控制输出一定的数字量，以便后续的数模转换部分和模拟电压调整部分对电压调整，同时控制数码管显示和经过电压调整后大小相等的电压值。当按键部分有输入时，片内计算输出增加或减小的数字量，并且控制数码管显示的电压值增加 0.1V 或减小 0.1V。

3. 数码显示电路

数码显示电路如图 12-11 所示，其由 4 位一体的共阴数码管和 8 个 10kΩ 的上拉电阻组成。数码管的段选信号由单片机的 P1 口驱动，位选信号由单片机的 P2.1、P2.2、P2.3、P2.4 口驱动。上拉电阻使单片机的 P1 口输出稳定的高电平，并且给 P1 口一个灌电流，保证 LED 数码管的正常点亮。本设计中数码管显示的是电压设定值。

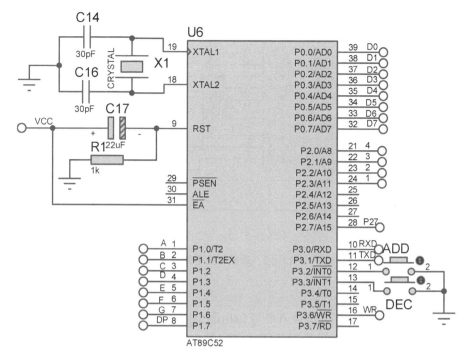

图 12-10　单片机控制电路

4. 数模转换电路

DAC 模块是整个系统的纽带,将控制部分的数字量转化成电压调整部分的模拟量,这部分电路由数模转换芯片 DAC0832 和运算放大器 LM324 组成。DAC0832 主要由 8 位输入寄存器、8 位 DAC 寄存器、8 位 D/A 转换器,以及输入控制电路 4 部分组成。8 位 D/A 转换器输出与数字量成正比的模拟电流。本设计中 $\overline{WR}$ 和 $\overline{XFER}$ 同时为有效低电平,8 位 DAC 寄存器端为高电平"1",此时 DAC 寄存器的输出端 Q 跟随输入端 D 也就是输入寄存器 Q 端的电平变化。该数模转换电路采用的是 DAC0832 单极性输出方式,运

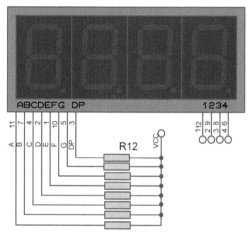

图 12-11　数码显示电路

算放大器 LM324 使得 DAC0832 输出的模拟电流量转化为电压量。输出 $V_{OUT1} = -BV_{REF}/256$,其中, B 的值为 DI0~DI7 组成的 8 位二进制数,取值范围为 0~255; V_{REF} 由电源电路提供 -9V 的 DAC0832 参考电压。数模转换电路图如图 12-12 所示。

5. 反相放大电路

反相放大电路由运算放大器 TL084 和相应电阻组成。由于前一级数模转换电路的模拟电压较小,所以这一级电路选择放大倍数为 2,将前一级模拟电压初步放大。反相放大电路如图 12-13 所示。

133

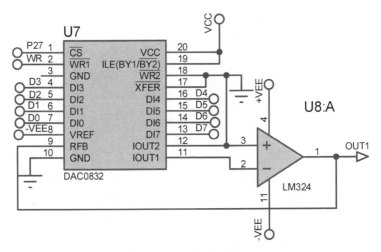

图 12-12　数模转换电路图

6. 反相求和运算电路

该部分电路由运算放大器 TL084 和相应的电阻组成。由于前一级放大电路将模拟量放大后会比设定值稍微大点，所以采用反相求和运算电路将输出电压进一步调整到设定值。R7、R8、RV2 用来调整求和电路的另一路输入电压值，RV1 用来调整放大增益，输出电压为 $V_{OUT}=-(V_{OUT}\times 2+V')\dfrac{R_{V1}}{R_5}$，其中，$V'$ 为 R6 的左端电压。反相求和运算电路如图 12-14 所示。

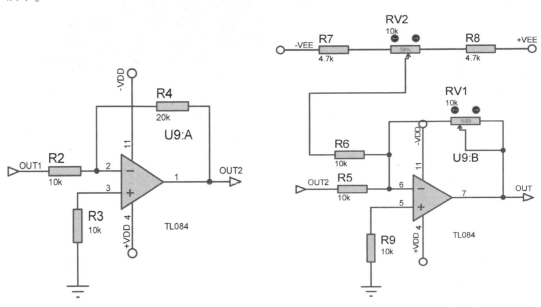

图 12-13　反相放大电路

图 12-14　反相求和运算电路

7. 输出稳压电路

本电路用于使未经稳压的电源电路输出稳定可调的电压。我们期望输出稳定电压跟随前一级电压调整后的电压可调。采用三端稳压器 7805 和运算放大器 NE5532 使得输出电压稳定且从 0 可调。最终输出电压为 $V_{\mathrm{OUTPUT}} = \left(1 + \dfrac{R_{10}}{R_{11}}\right) V_{\mathrm{OUT}}$，其中，$R_{10}$ 选 100Ω，R_{11} 选 100kΩ，这样最终输出为 1.001 倍调整后的模拟电压，能很好地跟随未经稳压的电压输出。输出稳压电路如图 12-15 所示。

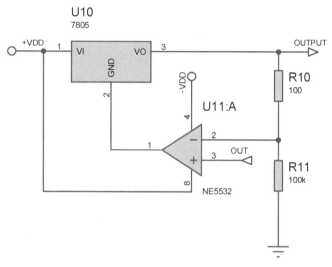

图 12-15　输出稳压电路

 程序设计

数控稳压电源的程序设计流程图如图 12-16 所示。

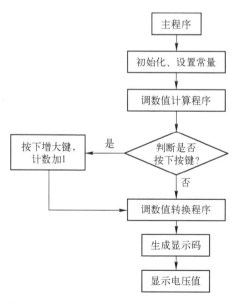

图 12-16　数控稳压电源的程序设计流程图

135

汇编语言程序源代码

```
;预定义
;>>>>>>>>>>>>>>>>>>>>>>>>>>>>>>>>>>>>>>>>>>>>>>>>>>>>>>>
set1 equ 40h
set2 equ 41h
set3 equ 42h
set4 equ 43h
set0        equ        44h
dabuf       equ        45h
;>>>>>>>>>>>>>>>>>>>>>>>>>>>>>>>>>>>>>>>>>>>>>>>>>>>>>>>
    org   0000h
    ljmp  start
            org             0003h
            ljmp            ext0
    org   0013h
            ljmp            ext1
            org             0100h
;>>>>>>>>>>>>>>>>>>>>>>>>>>>>>>>>>>>>>>>>>>>>>>>>>>>>>>>
;主程序
;>>>>>>>>>>>>>>>>>>>>>>>>>>>>>>>>>>>>>>>>>>>>>>>>>>>>>>>
start:
    mov set1,#1
    mov set2,#0
    mov set3,#0
    mov set4,#0
    mov set0,#0
mov    dabuf,#0
    setb      ea
    setb      ex0
setb     ex1
    setb      it0
setb     it1
;**********************************************************
            acall        change
            ajmp         next
loop:   acalldisup
            mov          dptr,#7fffh
            mov          a,dabuf
            movx         @dptr,a
            ;ajmp        $
next:   mov          a,set0
            mov          b,#17
            mul          ab
            mov          r6,a
            mov          r7,b
            mov          r5,#10
            acall        div_16_8
            clr          c
            cjne         r4,#4,sad
sad:    jc           ss
```

136

```
              mov      a,r6
              add      a,#1
              mov      r6,a
ss:           mov      dabuf,r6
          sjmploop
;>>>>>>>>>>>>>>>>>>>>>>>>>>>>>>>>>>>>>>>>>>>>>>>>>>>>>>>>>>>
;除法子程序 DIV_16_8 R7R6/R5＝R7R6......R4
;>>>>>>>>>>>>>>>>>>>>>>>>>>>>>>>>>>>>>>>>>>>>>>>>>>>>>>>>>>>
DIV_16_8:
          MOV R4,#0
          MOV R2,#16           ;循环计数
;*****************************************************
          CLR C
DIV_LOOP:
          CALL SL_R7_R6
          CALL SL_R4
          MOV F0,C
;*****************************************************
          CLR C
          MOV A,R4
          SUBB A,R5
          JNC DIV_2
          JNB F0,CPL_C         ;不够减就不保存差
          CPL C
DIV_2:
          MOV R4,A
CPL_C:
          CPL C
          DJNZ R2,DIV_LOOP
;*****************************************************
SL_R7_R6:
          MOV A,R6
          RLC A
          MOV R6,A
          MOV A,R7
          RLC A
          MOV R7,A
          RET
;*****************************************************
SL_R4:
          MOV A,R4
          RLC A
          MOV R4,A
          RET
;>>>>>>>>>>>>>>>>>>>>>>>>>>>>>>>>>>>>>>>>>>>>>>>>>>>>>>>>>>>
;change
;>>>>>>>>>>>>>>>>>>>>>>>>>>>>>>>>>>>>>>>>>>>>>>>>>>>>>>>>>>>
change:
              mov      r0,#set1
              mov      a,@r0
              mov      b,#100
```

```
        mul     ab
        mov     set0,a

        inc     r0
        mov     a,@ r0
        mov     b,#10
        mul     ab
        add     a,set0
        mov     set0,a
        inc     r0
        mov     a,@ r0
        add     a,set0
        mov     set0,a
        ret
;>>>>>>>>>>>>>>>>>>>>>>>>>>>>>>>>>>>>>>>>>>>>>>>>>>>>>>>>>>>>
;ext0
;>>>>>>>>>>>>>>>>>>>>>>>>>>>>>>>>>>>>>>>>>>>>>>>>>>>>>>>>>>>>
ext0:   push    acc
        mov     a,set3
        cjne    a,#0,normal
        mov     a,set2
        cjne    a,#5,normal
        mov     a,set1
        cjne    a,#1,normal
        ajmp    exit1
normal:
        mov     a,set3
        cjne    a,#9,ex
        mov     set3,#0
        mov     a,set2
        cjne    a,#9,ex2
        mov     set2,#0
        inc     set1
        ajmp    exit1

ex:     inc     set3
        ajmp    exit1

ex2:    inc     set2

exit1:  acall   change
        pop     acc
        reti
;>>>>>>>>>>>>>>>>>>>>>>>>>>>>>>>>>>>>>>>>>>>>>>>>>>>>>>>>>>>>
;ext1
;>>>>>>>>>>>>>>>>>>>>>>>>>>>>>>>>>>>>>>>>>>>>>>>>>>>>>>>>>>>>
ext1:   push    acc

        mov     a,set3
        cjne    a,#0,ex3
        mov     set3,#9
```

138

```
            mov       a,set2
            cjne      a,#0,ex4
            mov       set2,#9
            mov       a,set1
            cjne      a,#0,ex5
            mov       set1,#0
            mov       set2,#0
            mov       set3,#0
            ajmp      exit2

ex3:        dec       set3
            ajmp      exit2
ex4:        dec       set2
            ajmp      exit2
ex5:        dec       set1
exit2:      acall     change
            pop       acc
            reti
```
;>>>
;显示子程序:disup
;>>>
```
disup:    movr0,#set1
        mov r2,#11110111b
        mov a,r2
lp:  mov p2,a
        mov a,@r0
        mov dptr,#tab
        mov ca,@a+dptr
cjne      r2,#0fbh,addp
          add     a,#80h
addp:   mov p1,a
```
;**
```
        mov r7,#02h
dl1:mov r6,#040h
dl2:djnz r6,dl2
        djnz r7,dl1
```
;**
```
            inc       r0
            mov       a,r2
            jnb       acc.1,exit
            rr        a
            mov       r2,a
            ajmp      lp
exit:       ret
```
;**
```
tab:db   3fh,06h,5bh,4fh,66h   ;0 1 2 3 4
    db   6dh,7dh,07h,7fh,6fh   ;5 6 7 8 9
```
;>>>
```
    end
```
139

电路原理图

数控稳压电源的电路原理图如图 12-17 所示。

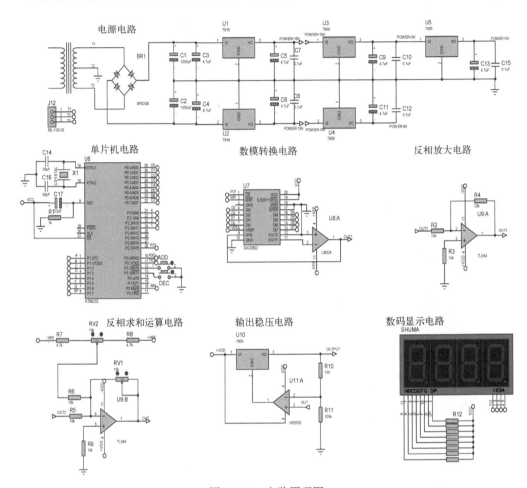

图 12-17　电路原理图

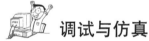 调试与仿真

　　在电路的输出端口 OUTPUT 处放置电压探针测量电压，按下按键 ADD 和 DEC 可以增大或减小电路的设定值，选取部分仿真结果如图 12-18 至图 12-20 所示。

　　电路仿真结果分析：我们用电压探针测得几组电源电路的实际输出值，与设定值对比得出电路输出的误差。部分电路测试数据如表 12-1 所示。通过测试数据可以得出，本设计中电源输出为 9.6~10.8V 时，比较精确。如果将电源电路的输出限定在 0.5V 范围内，则此电源电路的量程设定为 7.6~12.8V 较合适，误差较小。

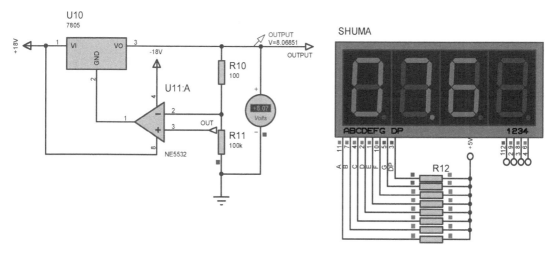

图 12-18　设定值为 7.6V 时的仿真电路

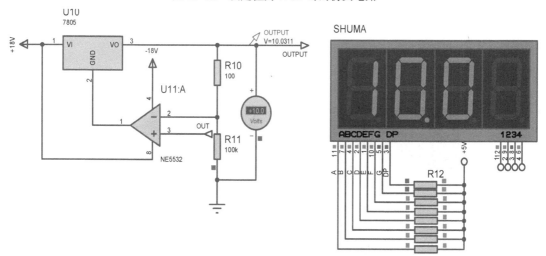

图 12-19　设定值为 10.0V 时的仿真电路

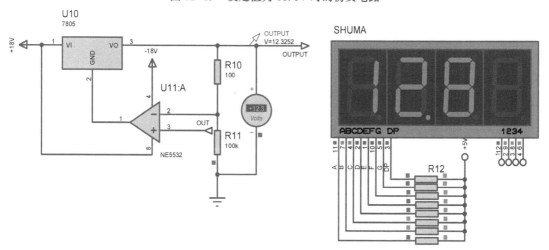

图 12-20　设定值为 12.8V 时的仿真电路

表 12-1 部分电路测试数据

设定值（V）	实测值（V）	误差（V）	设定值（V）	实测值（V）	误差（V）
7.5	8.01965	0.51965	10.0	10.0311	0.0311
7.6	8.06851	0.46851	10.1	10.1267	0.0267
8	8.40366	0.40366	10.2	10.2227	0.0227
9	9.2185	0.2185	10.8	10.7004	0.0996
9.5	9.64755	0.14755	10.9	10.749	0.151
9.6	9.69594	0.09594	11	10.845	0.155
9.7	9.7919	0.0919	12.2	11.8453	0.3547
9.8	9.88777	0.08777	12.8	12.3252	0.4748
9.9	9.93462	0.03462	12.9	12.3735	0.5265

 **PCB 版图**

数控稳压电源电路板布线图（PCB 版图）如图 12-21 所示。

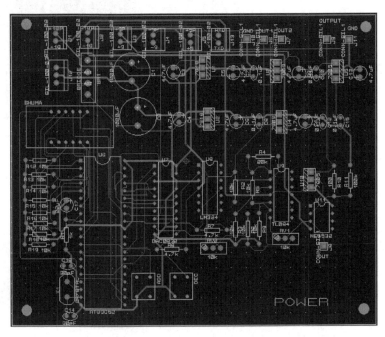

图 12-21 数控稳压电源 PCB 版图

 实物测试

数控稳压电源实物照片如图 12-22 所示。

142

图 12-22　数控稳压电源实物照片

 思考与练习

（1）在反相放大电路中，为什么放大倍数为 2?

答：反相放大电路输出 $V_{OUT2} = -V_{OUT1}(R_4/R_2)$，其中，$R_4$ 为 20kΩ，R_2 为 10kΩ，故放大倍数为 2。

（2）在输出稳压电路中，为什么 R_{10} 选 100Ω，R_{11} 选 100kΩ?

答：由 $V_{OUTPUT} = \left(1 + \dfrac{R_{10}}{R_{11}}\right) V_{OUT}$ 可得，当 R_{10} 选择较小而 R_{11} 选择较大时，稳压输出可以仅仅跟随调整后的电压变化，前者为后者的 1.001 倍。输出误差较小。

（3）怎样提高本设计中直流电源的精度？

答：本设计采用了 8 位的 D/A 转换器，若采用 12 位或 16 位的 D/A 转换器进行相应的闭环调整，直流电源的精度会进一步提高。

 特别提醒

（1）将电路焊接好后，需要先调节电位器 RV2，使其接入电路部分阻值最小，再调节 RV1，使输出电压和初始化电压设定值 10V 相等。

（2）由于本电路器件较多，可以选择分模块焊接，如焊接好电源电路，测试工作正常后再进行下一步焊接。

项目 13　转速测量系统设计

 设计任务

设计一个基于单片机 AT89C52 的直流电动机转速测量电路，单片机输出 PWM 波形调速，实现直流电动机的启动、停止、加速、减速、正转、反转，以及速度的动态显示。

 基本要求

☺ 电源电压为直流 5V(±0.5V)。

☺ 液晶屏分压电阻选取适当，不能过大或过小，即过大屏幕过亮，过小屏幕较暗，都会导致看不清楚屏幕内容。

☺ 晶振电路一定要晶振的两个引脚处接入两个 10~50pF 的电容来削减谐波对电路的稳定性影响。

☺ 控制 P0 端口与 LCD 1602 数据端口相连处必须接上拉电阻，由电源通过这个上拉电阻给负载提供电流，否则 P0 端口不能真正输出高电平，也不能给所接的负载提供电流。

 总体思路

利用 MCS-51 系列单片机输出数据，由单片机 I/O 口产生 PWM 信号，并且控制 PWM 信号，从而实现对直流电动机转速的控制。采用三极管组成 PWM 信号的驱动系统，并且对 PWM 信号的原理、产生方法及如何通过软件编程对 PWM 信号占空比进行调节从而控制其输入信号波形等均做了详细阐述。另外，使用霍尔元件对直流电动机的转速进行测量，经过处理后，将测量值送到液晶显示。转速测量电路总体设计图如图 13-1 所示。

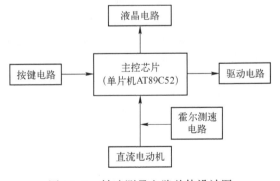

图 13-1　转速测量电路总体设计图

144

系统组成

☺ 供电电路：DC 电源插口与自动锁开关组成供电电路。

☺ 电动机 H 桥驱动：采用 H 桥驱动，设计与实现具体电路如图 13-6 所示。电动机驱动电路包括 6 个三极管（4 个 S8550 是 NPN 型三极管，2 个 S8050 是 PNP 型三极管）。P34 为高电平，P37 为低电平反转，反之直流电动机正转。

☺ 霍尔测速电路：霍尔传感器和磁钢需要配对使用。

☺ 按键电路：本设计采用按键接低的方式来读取按键，单片机初始时为高电平，当按键被按下的时候，会给单片机一个低电平，单片机对信号进行处理。

☺ 单片机最小系统电路：单片机最小系统是指用最少的元件组成的单片机可以工作的系统。对 51 系列单片机来说，最小系统一般应该包括单片机、晶振电路、复位电路。

模块详解

1. 单片机最小系统电路

下面给出一个 51 单片机的最小系统电路图，如图 13-2 所示。

1）复位电路

单片机复位电路示意图如图 13-3 所示。复位电路使内部的程序自动从头开始执行，51 单片机要复位只需要在第 9 引脚接高电平持续 2μs 就可以实现。

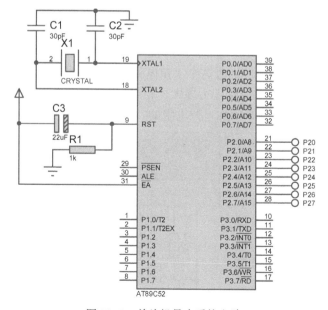

图 13-2　单片机最小系统电路

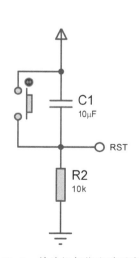

图 13-3　单片机复位电路示意图

（1）单片机系统自动复位（RST 引脚接收到的高电平信号时间为 0.1s 左右）。

电容的大小是 10μF，电阻的大小是 10kΩ，根据公式，可以算出电容充电到电源电压的 0.7 倍时，需要的时间是 $10kΩ \times 10μF = 0.1s$，即单片机启动的 0.1s 内，电容两端的电压在 0~3.5V 增加，10kΩ 电阻两端的电压从 5~1.5V 减小，所以在 0.1s 内，RST 引脚所接收到的电压是 5~1.5V。在 5V 正常工作的 51 单片机中，小于 1.5V 的电压信号为低电平信号，而大于 1.5V 的电压信号为高电平信号。在 0.1s 内单片机自动复位。

（2）单片机系统按键复位。

在单片机启动 0.1s 后，电容 C 两端的电压持续充电到 5V，这时 10kΩ 电阻两端的电压接近于 0V，RST 处于低电平，所以系统正常工作。当按键被按下时开关导通，电容被短路，电容开始释放之前充的电量。电容的电压在 0.1s 内，从 5V 变为 1.5V，甚至更小。这时 10kΩ 电阻两端的电压为 3.5V，甚至更大，所以 RST 引脚又接收到高电平，复位完成。

2）晶振电路（晶振是晶体振荡器的简称）

晶振电路如图 13-4 所示。晶振振荡电路是在一个反相放大器的两端接入晶振，晶振是给单片机提供工作信号脉冲的，这个脉冲就是单片机的工作速度，如 12MHz 晶振，单片机的工作速度就是每秒 12MHz，当然单片机的工作频率是有范围的，一般 24MHz 就不上去了，否则不稳定。

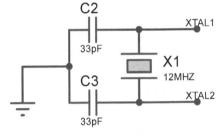

图 13-4　晶振电路图

晶振与单片机的引脚 XTAL1 和引脚 XTAL2 构成的振荡电路中会产生谐波（也就是不希望存在的其他频率波），它会降低电路时钟振荡器的稳定性。为了电路的稳定性，在晶振的两个引脚处接入两个 10~50pF 的瓷片电容接地来削减谐波对电路稳定性的影响。

3）P0 口的上拉电阻

P0 口作为 I/O 口输出的时候输出低电平为 0，输出高电平为高阻态（并非 5V，相当于悬空状态），也就是说 P0 口不能真正输出高电平，给所接的负载提供电流，因此必须接上拉电阻（一个电阻连接到 VCC），由电源通过这个上拉电阻给负载提供电流。由于 P0 口内部没有上拉电阻，是开漏的，不管它的驱动能力多大，相当于它是没有电源的，需要由外部电路提供，绝大多数情况下 P0 口是必须加上拉电阻的。

4）引脚 31 $\overline{EA}$/Vpp 接电源

注意

STC89C51/52 或其他 51 系列兼容单片机需特别注意：对于引脚 31（EA/Vpp），当接高电平时，单片机在复位后从内部 ROM 的 0000H 开始执行，当接低电平时，复位后直接从外部 ROM 的 0000H 开始执行。

2. 液晶电路

液晶显示电路图如图 13-5 所示。

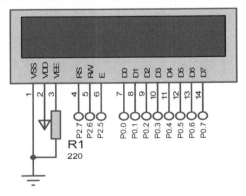

图 13-5　液晶显示电路图

146

LCD 1602 与单片机连接：单片机 AT89C52 的 P2.5 与 LCD 1602 的使能端 E 相连，P2.6 与读/写选择端 R/W 相连，P2.7 与 RS 相连，当使能端使能时，再通过命令选择端来控制读数据、写数据、写命令。控制 P0 口与 LCD 1602 的数据端口相连，传输数据。

R7 为液晶屏分压电阻，决定着屏幕的灰度，液晶屏分压电阻要选取适当，不能过大或过小。

3. 电动机 PWM 驱动模块

采用 H 桥驱动，设计与实现具体电路如图 13-6 所示。H 桥式电动机驱动电路包括 4 个三极管和一个电动机，要使电动机成功运转，须对对角线上的一对三极管通电。根据不同三极管对的导通通电情况，电流会从右至左或相反方向流过电动机，从而改变电动机的转动方向。

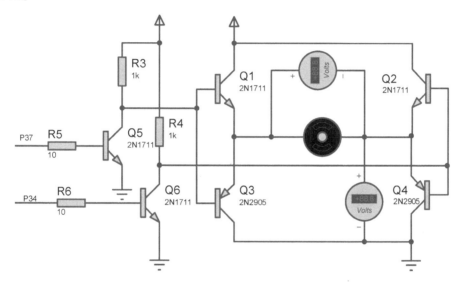

图 13-6　电动机 PWM 驱动模块电路

PWM 电路由复合体管组成，两个输入端的高、低电平控制晶体管是否导通或截止。NPN 型三极管高电平输入时导通，PNP 型三极管低电平输入时导通。当 Q5 和 Q6 都导通时，Q1 和 Q4 截止，Q3 和 Q2 导通，电动机两端都是 GND，电动机是不转的；当 Q5 和 Q6 都截止时，Q1 和 Q4 导通，Q3 和 Q2 截止，电动机两端都是 VCC，电动机也是不转的；当 Q5 导通，Q6 截止时，Q3 和 Q4 导通，电动机右边是电源，左边是地，电动机逆时针转动，此时保持 Q6 截止，PWM 通过控制 Q5 的导通、截止，就可以控制电动机的速度；同理，当 Q5 截止，Q6 导通时，Q1 和 Q2 导通，电动机的左边是电源，右边是地，电动机顺时针转动，此时保持 Q5 截止，PWM 通过控制 Q6 的导通、截止，就可以控制电动机的转速。

4. 霍尔测速电路

测量电动机转速的第一步就是要将电动机的转速表示为单片机可以识别的脉冲信号，从而进行脉冲计数。霍尔器件作为一种转速测量系统的传感器，有结构牢固、体积小、质量轻、寿命长、安装方便等优点，因此选用霍尔传感器检测脉冲信号，磁场由磁钢提供，所以霍尔传感器和磁钢需要配对使用。其测速原理示意图如图 13-7 所示，在非线性材料轻质木条上贴上磁钢并将其尽量靠近边缘，当电动机转动时，带磁钢运动，每次转完一圈，传感器会产生一个对应频率的脉冲信号，经过信号处理后输出到计数器或其他脉冲计数装置进行转速测量。霍尔元件电路如图 13-8 所示。

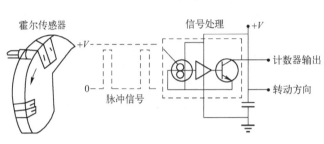

图 13-7　霍尔器件测速原理示意图　　　　图 13-8　霍尔元件电路

5. 按键电路

本设计采用按键接低的方式来读取按键，单片机初始时为高电平，当按键被按下时，会给单片机一个低电平，单片机对信号进行处理。

（1）单片机键盘（独立式键盘）的实现方法是利用单片机 I/O 口读取口的电平高低来判断是否有键被按下。将常开按键的一端接地，另一端接一个 I/O 口，程序开始时将此 I/O 口置于高电平，平时无键被按下时 I/O 口保护高电平。当有键被按下时，此 I/O 口与地短路，迫使 I/O 口为低电平。按键被释放后，单片机内部的上拉电阻使 I/O 口仍然保持高电平。我们所要做的就是在程序中查寻此 I/O 口的电平状态就可以了解是否有按键动作了。

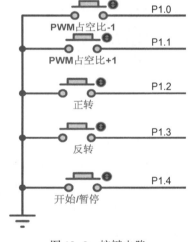

图 13-9　按键电路

（2）键盘的去抖动：这里说的抖动是机械抖动，是指当键盘在未按到按下的临界区产生的电平不稳定是正常现象。软件区这里选用软件去抖动，实现方法是先查寻按键，当有低电平出现时立即延时 10～200ms 以避开抖动，延时结束后再读一次 I/O 口的值，这一次的值如果为 1 表示低电平的时间不到 10～200ms，视为干扰信号。按键电路如图 13-9 所示。

程序设计

软件采用定时中断进行设计。当单片机上电后，系统进入准备状态。当按动按钮后执行相应的程序，根据 P1.2、P1.3 的高、低电平决定直流电动机的正/反转。根据加、减速按钮，调整 P1.1、P1.0 输出高、低电平的占空比，从而可以控制高、低电平的延时时间，进而通过控制电压的大小来决定直流电动机的转速。转速测量电路主程序流程图如图 13-10 所示。

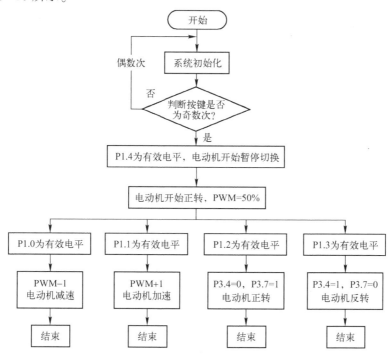

图 13-10 转速测量电路主程序流程图

C 语言程序源代码

```
#include <reg52. h>
#define uchar unsigned char
#define uint unsigned int
void displaym( );//display 是函数名,根据名字意思判断这个函数所要实现的功能是显示输出
sbit en = P2^5;              //LCD1602 控制端口 6 引脚
sbit rs = P2^7;              //LCD1602 控制端口 4 引脚
sbit rw = P2^6;              //LCD1602 控制端口 5 引脚
sbit num2 = P1^0;            //占空比-1
sbit num1 = P1^1;            //占空比+1
sbit num3 = P1^2;            //正传
sbit num4 = P1^3;            //反转
sbit num5 = P1^4;            //开始停止切换
sbit out = P3^4;             //PWM 输出用于反转
sbit out1 = P3^7;            //PWM 输出用于正转
uint zhuansu,flag,z1,z2,m,flag_1,zheng,fan,kai;
void delay( uint z)          //延时 1ms 函数
{
  uint x,y;
  for( x = 0;x<z;x++)
  for( y = 0;y<110;y++) ;
}
void write_com( uchar com)   //向 1602 写一字节( 控制指令)
{
  rs = 0;
```

149

```
    P0 = com;
    delay(5);
    en = 1;
    delay(10);
    en = 0;
}
void write_data(uchar date)      //向 1602 写一字节(数据)
{
    rs = 1;
    P0 = date;
    delay(5);
    en = 1;
    delay(5);
    en = 0;
}
void init()//初始化函数
{
    en = 0;
    rw = 0;
    write_com(0x38);             //5×7 显示
    write_com(0x0c);             //关闭光标
    write_com(0x01);             //LCD 初始化
    TMOD = 0x11;                 //定时器方式 1
    TH0 = 0xdc;
    TL0 = 0x00;                  //定时器装入初值
    EA = 1;                      //开总中断
    ET0 = 1;                     //定时器 0 开中断
    TR0 = 1;
    EX1 = 1;
    IT1 = 1;                     //定时器启动
    TH1 = 0xfc;
    TL1 = 0x66;                  //定时 100μs
    ET1 = 1;                     //定时器 1 开中断
    TR1 = 1;
    write_com(0x80);
    write_data('V');
    write_data(':');
    write_com(0x87);             //第一行显示转速
    write_data('r');
    write_data('p');
    write_data('m');
    write_com(0xc0);
    write_data('z');
    write_data('h');
    write_data('a');
    write_data('n');
    write_data('k');
    write_data('o');
    write_data('n');
    write_data('g');
    write_data('b');
    write_data('i');             //第二行显示占空比
```

150

```c
        write_data(':');
        displaym();
    }
void keyscan()                    //键盘扫描函数
{
    if(num1==0)
    {
        delay(5);                 //消除抖动
        if(num1==0)
        {
            if(m<=199)
                m++;
                displaym();       //设定占空比加1
        }
    }
    if(num2==0)
    {
        delay(5);
        if(num2==0)
        {
            if(m>=1)
            m--;
                displaym();       //设定占空比减1

        }
    }
    if(num3==0)
    {
        delay(5);
        if(num3==0)
        {
        zheng=1;                  //正转标志置1
        fan=0;                    //反转标志置0

        }
    }
        if(num4==0)
    {
        delay(5);
        if(num4==0)
        {
        zheng=0;                  //正转标志置0
        fan=1;                    //反转标志置1
        }
    }
        if(num5==0)
    {
        delay(5);
        if(num5==0)
        {
        while(num5==0);
        kai=1-kai;
```

151

```c
            }
        }
    }
void display( )
{
    write_com(0x82);
    zhuansu = zhuansu * 30;                  //将两秒内的计数乘以 30 得到转每分
    if(zhuansu/10000!= 0)
write_data(zhuansu/10000+0x30);            //如果转速的万位不为 0,则正常显示,否则显示空格
        else
        write_data(" ");
    if(zhuansu/10000 = = 0&&zhuansu/1000%10 = = 0)
    write_data(" ");
    else
    write_data(zhuansu/1000%10+0x30);        //如果转速小于 1000,则千位为空格,否则正常显示
if(zhuansu/100%10 = = 0&&zhuansu/1000%10 = = 0&&zhuansu/10000 = = 0)
    write_data(" ");
    else
    write_data(zhuansu/10%10+0x30);          //如果转速小于 100,则百位为空格,否则正常显示
    if(zhuansu/100%10 = = 0&&zhuansu/1000%10 = = 0&&zhuansu/10000 = = 0&&zhuansu/10%10 =
= 0)
    write_data(" ");
    else
    write_data(zhuansu/10%10+0x30);          //如果转速小于 10,则十位为空格,否则正常显示
    write_data(zhuansu%10+0x30);
    write_com(0xd0);
}
void displaym( )
{
    write_com(0xcb);
    if(m/200%10!= 0)
    write_data(m/200%10+0x30);              //如果占空比百位不为 0,则显示百位,否则显示空格
    else
    write_data(" ");
    if(m/200%10 = = 0&&m/20%10 = = 0)
    write_data(" ");
    else
    write_data(m/20%10+0x30);               //如果占空比小于 10,十位正常显示,否则显示空格
    write_data(m/2%10+0x30);                //显示个位
}
void main( )
{
    flag_1 = 0;
    m = 100;                                //占空比为 100
    zhuansu = 0;                            //转速初值 0
    flag = 0;
    zheng = 1;                              //初始化电动机正转动
    fan = 0;
    init( );                                //初始化
    while(1)
    {
    keyscan( );                             //键盘扫描程序
```

152

```
        }
    }
void int1( )interrupt 2        //外部中断1脉冲计数记录电动机的转速,电动机转一圈,转速加1
{
    zhuansu++;
}
void int2( )interrupt 1                    //定时器0显示转速
{
    TH0 = 0xdc;
    TL0 = 0x00;                            //定时10ms
    flag++;
    if(flag = = 200)                       //计时到达2s
        {
        display( );                        //显示转速
        zhuansu = 0;                       //转速置0
        flag = 0;
        }
}
void int3( )interrupt 3                    //产生PWM
{
    TH1 = 0xff;
    TL1 = 0x00;                            //定时100μs
        flag_1++;
        if(flag_1>199)
        flag_1 = 1;
        if(kai = = 1)                      //如果kai = = 1,则电动机启动
        {
            if(zheng = = 1)                //电动机正转
            {
                if(flag_1<m)               //小于占空比m,输出PWM = 0,输出电压为1
        {out = 0;
                out1 = 1;}
                else
                {
                    out = 0;
                    out1 = 0;
                }
            }
            if(fan = = 1)                  //电动机反转
            {
                if(flag_1<m)               //小于占空比m,输出PWM = 0,输出电压为1
                {
                out = 1;
                    out1 = 0;
                }
                else                       //大于m,输出PWM = 1,输出电压为0
                {
                out = 0;
                    out1 = 0;
                }
            }
        }
    }
```

153

```
    if( kai = = 0)                        //如果 kai = = 0,则电动机停止转动
    {
      out = 0;
      out1 = 0;
    }
}
```

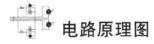

电路原理图

基于单片机的转速测量电路的原理图如图 13-11 所示。

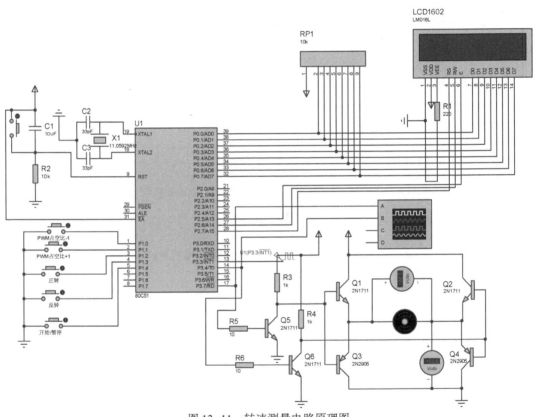

图 13-11　转速测量电路原理图

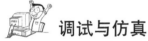

调试与仿真

仿真时，在单片机 P3.3 口用脉冲信号代替霍尔传感器检测到的信号，通过改变脉冲信号的频率代替霍尔传感器的转速实测值。

先按下按键开关开始/暂停按键，然后按下正转按键，显示屏显示转速为 19888rpm，占空比为 50，显示结果如图 13-12 所示。此时 P3.7 端口输出的脉冲波形如图 13-13 所示。

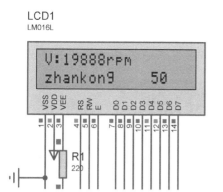

图 13-12　占空比为 50 时的
液晶显示结果

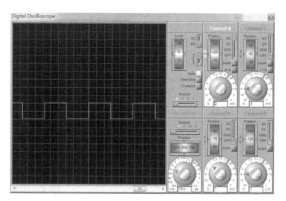

图 13-13　P3.7 端口输出的脉冲波形
（占空比为 50）

按下 P1.1 端口按键，增大 PWM 占空比为 70，电动机转速增大，显示结果如图 13-14
所示。此时 P3.7 端口输出的脉冲波形如图 13-15 所示。

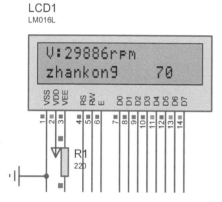

图 13-14　占空比为 70 时的
液晶显示结果

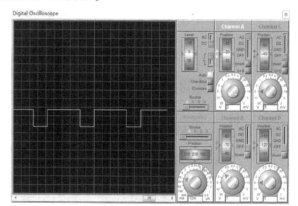

图 13-15　P3.7 端口输出的脉冲波形
（占空比为 70）

按下 P1.0 端口按键，减小 PWM 占空比为 31，电动机转速减小，显示结果如图 13-16
所示。P3.7 端口输出的脉冲波形如图 13-17 所示。

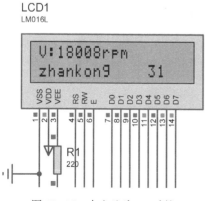

图 13-16　占空比为 31 时的
液晶显示结果

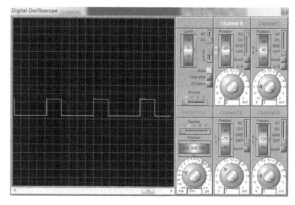

图 13-17　P3.7 端口输出的脉冲波形
（占空比为 31）

按下单片机 P1.3 端口按键，电动机反转，此时，液晶显示结果如图 13-18 所示，用示波器测得的单片机 P3.4 端口输出的脉冲波形如图 13-19 所示。同样的，可以通过按键调节占空比的大小，进而改变电动机的转速。

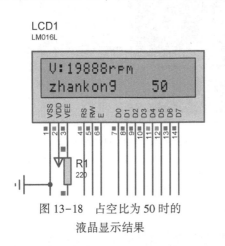

图 13-18　占空比为 50 时的
液晶显示结果

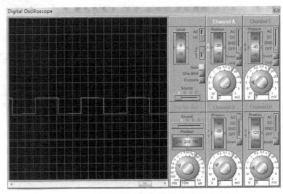

图 13-19　P3.4 端口输出的脉冲波形
（占空比为 50）

PCB 版图

电路板布线图（PCB 版图）如图 13-20 所示。

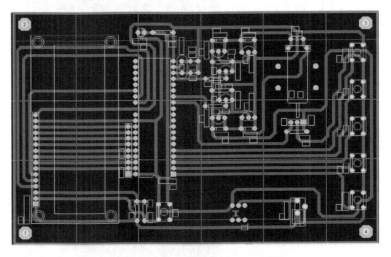

图 13-20　转速测量电路 PCB 版图

实物测试

实物照片如图 13-21 所示。实物测试照片如图 13-22 所示。

图 13-21　转速测量电路实物照片　　　　图 13-22　转速测量电路实物测试照片

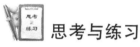 **思考与练习**

（1）为什么控制 P0 口与 LCD 1602 的数据端口相连间加上拉电阻和电源呢？

答：P0 口作为 I/O 口输出的时候，输出低电平为 0，输出高电平为高阻态（并非 5V，相当于悬空状态），也就是说，P0 口不能真正地输出高电平，给所接的负载提供电流时，必须接上拉电阻，由电源通过这个上拉电阻给负载提供电流。

由于 P0 口内部没有上拉电阻，是开漏的，所以不管它的驱动能力多大，相当于它是没有电源的，需要外部的电路提供。

（2）为什么晶振电路中要加入瓷片电容？

答：晶振与单片机的引脚 XTAL1 和 XTAL2 构成的振荡电路中会产生谐波（也就是不希望存在的其他频率的波），这个波会降低电路时钟振荡器的稳定性。为了提高电路的稳定性，在晶振的两个引脚处接入两个 30pF 的瓷片电容接地来削减谐波对电路稳定性的影响。

 特别提醒

（1）液晶屏第 3 个引脚（灰度调节引脚）的分压电阻不可选取得过小，否则屏幕会看不清楚。

（2）晶振电路中晶振的选值不宜过大，一般在 24MHz 左右单片机就跟不上了。瓷片电容的选值一般在 10~50pF 范围内。

项目 14　电子烟花点火电路设计

 设计任务

设计一个以单片机为控制核心的电子烟花点火装置，通过光电转换电路采集点火信号反馈给单片机，单片机通过控制 LED 灯来模拟烟花点火时的发光效果。光敏电阻采集光信号的速度 ≤100μs。

 总体思路

光电转换电路和单片机是本设计的重要组成部分，光电转换电路的作用是采集点火信号将其发送给单片机，单片机的作用是运行烧入的程序控制 LED 的闪烁方式。

系统组成

电子烟花点火电路的整个系统主要分为两大部分。

☺ 第一部分为转换模拟电路。转换模拟电路将光信号转换为电信号。

☺ 第二部分为单片机最小应用系统，其又包含 4 部分。

（1）电源电路。电源电路为单片机提供 +5V 稳定电压。

（2）时钟电路。时钟电路为单片机提供工作时钟源。

（3）复位电路。复位电路使单片机恢复到起始状态。

（4）外围电路。外围电路根据系统需求引出单片机引脚。

整个系统的模块框图如图 14-1 所示。

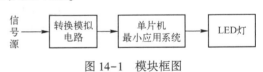

图 14-1　模块框图

 模块详解

1. 转换模拟电路

转换模拟电路采用了光敏电阻与常值电阻分压，选用光敏电阻（亮阻值 ≤20kΩ，暗阻值 ≥1MΩ，以下记为 R1）和阻值为 20kΩ 的常值电阻（以下记为 R2），通过简单计算在黑暗条件下 R1 的阻值是 R2 的 50 倍以上，即在 R2 上的分压小于 0.1V，单片机识别为低电平信号不启动装置；反之，在点火条件下光敏电阻受到光照，阻值急剧下降（≤20kΩ），此时 R1 的阻值与 R2 的阻值相等，R2 上的分压在 3V 左右单片机识别为高电平信号启动装置。转换模拟电路原理图如图 14-2 所示。

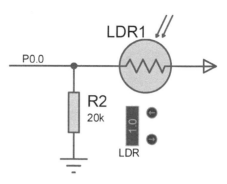

图 14-2　转换模拟电路原理图

2. 单片机最小应用系统

单片机最小应用系统由单片机、电源、时钟电路、复位电路、外围电路组成。单片机选用型号为 AT89C52，电源采用 +5V 供电，时钟电路中晶振大小为 8MHz，用于给单片机提供工作时钟源，单片机的程序运行首先判断 P0.0 口是否有输入高电平，有则进行下一步初始化，P1 口赋值为 0X80，然后让数据右循环 8 次，实现了 8 个 LED 灯依次闪过，完成后再次给 P1 赋值 0X01，经过延迟子程序再次赋值 0X00 循环 10 次，实现了最后一个 LED 灯闪烁 10 次，最后给 P1 赋值 0X00 循环 100 次，期间如果 P0.0 口有高电平输入则打破循环，重新运行程序，单片机最小应用系统电路原理图如图 14-3 所示。

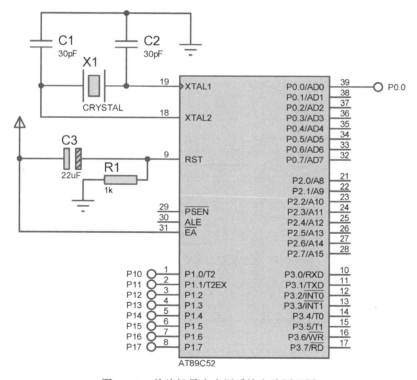

图 14-3　单片机最小应用系统电路原理图

 程序设计

电子烟花点火电路程序流程图如图 14-4 所示。

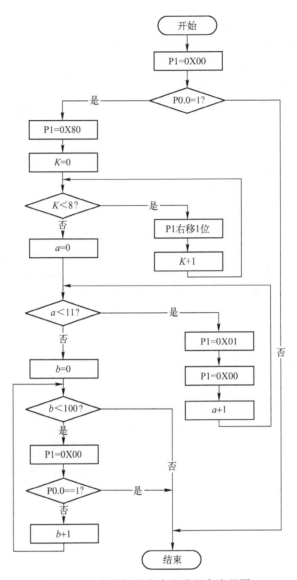

图 14-4　电子烟花点火电路程序流程图

C 语言程序源代码

```
/****************************************
包含文件,程序开始
****************************************/
#include <reg51.h>
#define uchar unsigned char
#define uint   unsigned int
sbit a=P0^0;
sbit b=P0^1;
uchar code TAB[8]={0x02,0x06,0x04,0x0c,0x08,0x09,0x01,0x03};
char i,j;
/****************************************
延时子程序
```

160

```
* * * * * * * * * * * * * * * * * * * * * * * * * * * * * * * * * * * * * /
void delay( uint t)
{
    uint k;
    while( t-- )
    {
        for( k = 0; k<125; k++ )
        { }
    }
}
/ * * * * * * * * * * * * * * * * * * * * * * * * * * * * * * * * * * * * *
带返回值的当前励磁状态检测函数
 * * * * * * * * * * * * * * * * * * * * * * * * * * * * * * * * * * * * * /
uchar read_tab( )
{
    uchar test;
    test = P2;
    test& = 0x0f;
    switch (test)
    {
        case 0x02: i = 0; break;
        case 0x06: i = 1; break;
        case 0x04: i = 2; break;
        case 0x0c: i = 3; break;
        case 0x08: i = 4; break;
        case 0x09: i = 5; break;
        case 0x01: i = 6; break;
        case 0x03: i = 7; break;
        default: break;
    }
    return( i );
}
/ * * * * * * * * * * * * * * * * * * * * * * * * * * * * * * * * * * * * *
主函数
 * * * * * * * * * * * * * * * * * * * * * * * * * * * * * * * * * * * * * /
void main( )
{
    P2 = 0xff;
    P0 = 0x03;
    while( 1 )
    {
        if( a = = 0 )
        {
            i = read_tab( );
            i = i+1;
            if( i = = 8 )
            i = 0;
            P2 = TAB[ i ];
            delay( 2 );
        }
        if( b = = 0 )
        {
```

161

```
i = read_tab();
i = i-1;
if(i<0)
i = 7;
P2 = TAB[i];
delay(2);
}
}
}
```

 ## 电路原理图

电子烟花点火电路整体电路图如图 14-5 所示。

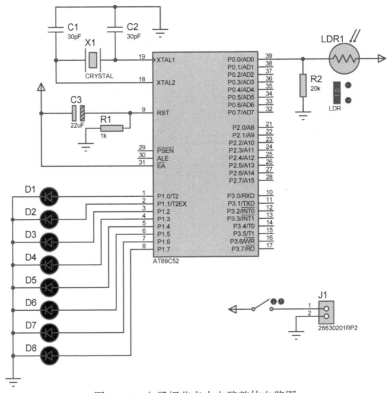

图 14-5　电子烟花点火电路整体电路图

调试与仿真

电子烟花点火电路系统仿真如图 14-6 所示。

仿真分析：当光敏电阻受到光照时，光电转换电路采集点火信号将其发送给单片机，单片机控制 8 个 LED 灯依次点亮，在最后一个 LED 灯处闪烁 10 次。

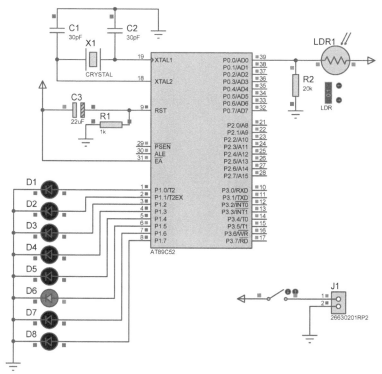

图 14-6   电子烟花点火电路系统仿真图

 PCB 版图

电子烟花点火电路板布线图（PCB 版图）如图 14-7 所示。

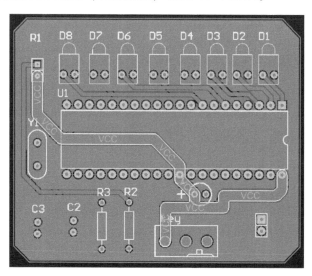

图 14-7   电子烟花点火电路板布线图

实物测试

电子烟花点火电路实物图如图 14-8 所示，其测试图如图 14-9 所示。

图 14-8　电子烟花点火电路实物图

图 14-9　电子烟花点火电路实物测试图

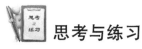 **思考与练习**

（1）如何延长两灯的闪烁间隔？

答：在程序中将延时数据增大或将延时子程序的循环次数增多。

（2）如何使用光敏电阻采集信号？

答：将光敏电阻与常值电阻串联，通过改变光照强度来改变常值电阻上的分压，通过单片机接口的模数转换获得高、低电平。

（3）复位电路是如何实现开机复位的？

答：电源导通，电容 C1 两端出现瞬时电压，常值电阻 R3 两端分压增大，单片机复位引脚输入高电平，单片机复位，其后电容两端电荷流失，R3 上没有分压，单片机没有获得复位信号，所以工作时不复位。

 特别提醒

（1）焊接电路时要先焊接振荡电路、复位电路、电源电路、外围电路。

（2）设计完成后要对电路进行功能测试。

项目 15 乒乓球比赛模拟电路设计

 设计任务

设计一个简单的乒乓球游戏电路，来模拟乒乓球比赛。

 基本要求

☺ 本游戏开始时球在左方甲手中，数码管显示双方比分为 00：00。

☺ 当甲方按下按键 K2 时，球开始往右边移动，此时 8 位 LED 灯从左至右逐次点亮。乒乓球的移动速度是固定的，每 0.5s 左、右移动一位。

☺ 若接球方乙提前或滞后按下按键 K3 击球，则判乙失误，由甲得分，乒乓球停止运动（LED 灯熄灭），数码管显示得分。裁判按下开始键 K1，球重新回到甲手中，由甲方再次发球，游戏进入下一个回合。

☺ 若接球方乙击球时机合适，即在 LED 灯到达最右端之前按下按键 K3 把球击回，LED 灯即刻以约 0.5s 每位的速度从右向左依次运动，等待甲方接球。若甲方接球失误，则判乙方得分，乒乓球停止运动（LED 灯灭），数码管显示得分。裁判按下开始键 K1，球回到乙方手中，由乙方发球，游戏继续，开始进入下一个回合。

☺ 当甲、乙方中有一人得分为 11 分时，蜂鸣器开始响，本轮游戏结束。裁判按下开始键 K1，游戏进入下一轮，得分较多方一段的 LED 灯亮，数码管重新显示 00：00，此时发球权交给在上轮比赛中得分较高的一方，当再按下按键后下一轮游戏正式开始。

 总体思路

以 AT89C51 单片机控制系统为核心，编程实现对整个系统的控制。通过 8 只连续发光二极管的依次点亮来代表乒乓球的运动。再用两个按键模拟左、右两个球拍，键被按下代表球拍击球。"左拍"按下可使发光二极管从左到右依次点亮；反之，"右拍"按下则可使发光二极管从右向左依次点亮，代表球从右向左运动。数码管显示双方比分，一方先达到 11 分时，蜂鸣器开始响，一局结束。设计流程图如图 15-1 所示。

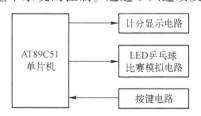

图 15-1 乒乓球比赛模拟电路设计流程图

 **模块详解**

1. 单片机最小系统电路

单片机最小系统是指用最少元件组成的可以工作的单片机系统。对 51 系列单片机来说，最小系统一般应该包括单片机、晶振电路、复位电路。下面给出一个 51 单片机的最小系统电路，如图 15-2 所示。

2. 复位电路

复位操作有两种基本形式：一种是上电复位，另一种是按键复位。按键复位除具有上电复位功能外，若要复位，还要按下 RST 键，电源 VCC 经电阻 R1、R2 分压，在RST 端产生一个复位高电平。上电复位电路要求接通电源后，通过外部电容充电来实现单片机自动复位操作。上电瞬间，RST 引脚获得高电平，随着电容的充电，RST 引脚的高电平将逐渐下降。RST 引脚的高电平只要能保持足够的时间（两个机器周期），单片机就可以进行复位操作。本次采用上电复位电路，其电路图如图 15-3 所示。

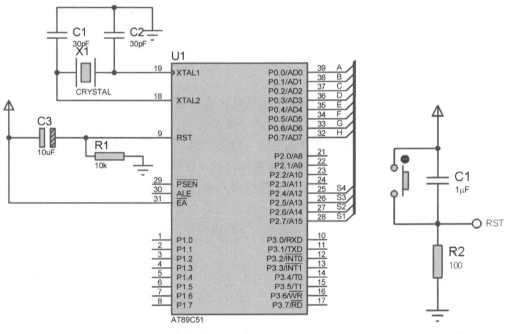

图 15-2　单片机最小系统电路　　　　　　　　图 15-3　复位电路图

3. 振荡电路

单片机内部有一个高增益、反相放大器，其输入端为芯片引脚 XTAL1，输出端为引脚 XTAL2。通过这两个引脚在芯片外并接石英晶体振荡器和两只电容（电容一般取 30pF，本电路取 33pF），这样就构成了一个稳定的自激振荡器，振荡电路脉冲经过二分频后作为系统的时钟信号，再在二分频的基础上三分频产生 ALE 信号，此时得到的信号是机器周期信号。振荡电路如图 15-4 所示。

4. P0 口的上拉电阻

P0 口不能真正地输出高电平，给所接的负载提供电流，因此必须接上拉电阻（一电阻连接到 VCC），由电源通过这个上拉电阻给负载提供电流。由于 P0 口内部没有上拉电阻，所以不管它的驱动能力多大，相当于它是没有电源的，需要外部电路提供，大多数情况下 P0 口是必须加上拉电阻的。

5. LED 灯接口电路

8 个 LED 灯的阳极通过上拉电阻与电源相连，阴极与单片机的 P1 口相连，当单片机的 P1 口为低电平时，相应的 LED 灯就被点亮，而当为高电平时，相应的 LED 灯就表现为熄灭状态。LED 灯接口电路如图 15-5 所示。

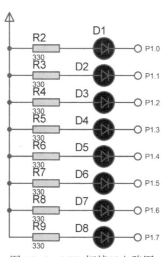

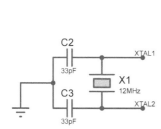

图 15-4　振荡电路原理图　　　　图 15-5　LED 灯接口电路图

6. LED 数码管显示电路

LED 数码显示管通过排阻分别与单片机的 P0 口相连，位选段分别与 P2.7、P2.6、P2.5、P2.4 相连。其硬件电路如图 15-6 所示。

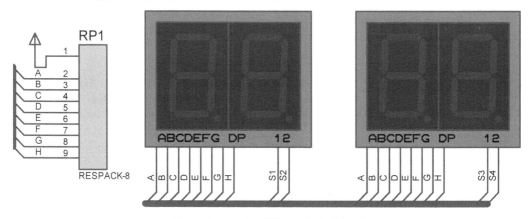

图 15-6　LED 数码管显示硬件电路图

7. 按键设定电路

独立式键盘中，每个按键占用一根 I/O 口线，每个按键电路相对独立。K1 键 I/O 口通过按键与地相接，K2、K3 键 I/O 口通过按键和一个 1kΩ 的限流电阻与地相接，I/O 口有上拉电阻，无键被按下时，引脚端为高电平，有键被按下时，引脚电平被拉低。I/O 口有上拉电阻时，外部可不接上拉电阻。本设计中按键设定电路如图 15-7 所示。

8. 蜂鸣电路

PNP 三极管的基极由 I/O 口控制，P3.7 为高电平时三极管导通，蜂鸣器的通路接通，蜂鸣器报警；P3.7 为低电平时三极管截止，蜂鸣器的通路断开，蜂鸣器不报警。蜂鸣电路原理图如图 15-8 所示。

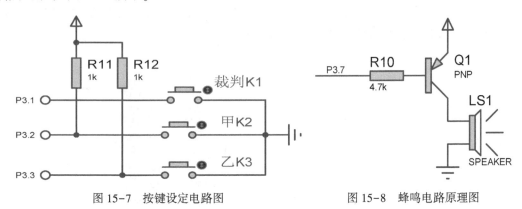

图 15-7　按键设定电路图　　　　　　　图 15-8　蜂鸣电路原理图

 程序设计

乒乓球比赛模拟电路程序流程图如图 15-9 所示。

C 语言程序源代码

```
#include <reg51. h>
#include<intrins. h>
#define uint unsigned int
#define uchar unsigned char              //宏定义
sbit start=P3^1;                         //开始
sbit ALAM=P3^7;                          //报警
bit   L_R=0;                             //左、右标志位，=0 左边，=1 右边
bit   run=0;                             //运行、停止标志位，=0 停止，=1 运行
uchar code    LEDData[]={0x3f,0x06,0x5b,0x4f,0x66,0x6d,0x7d,0x07,0x7f,0x6f};
                                         //数字 0~9 的编码
uchar code    PPQdata[]={0xFE,0xFD,0xFB,0xF7,0xEF,0xDF,0xBF,0x7F,};
uchar scoreL,scoreR;                     //左、右方得分
uchar counttOn,countt0,countt1;          //T0、T1 中断计数
/*****延时子程序*****/
void Delay(uint num)
{
    while( —num );
}
/*****初始化定时器 0*****/
void InitTimer(void)
```

168

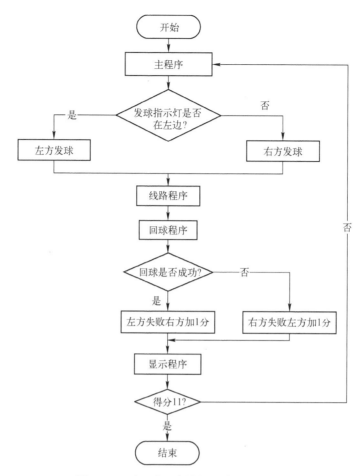

图 15-9 乒乓球比赛模拟电路程序流程图

```
    {
        TMOD = 0x11;
        TH0 = 0x3c;
        TL0 = 0xb0;                      //50ms(晶振 12MHz)
    }
/ ***** 显示分数子程序 ***** /
void Disp_score(void)                    //显示温度
    {
        P0 = LEDData[scoreL/10];
        P2 = 0x7F;                       //01111111
        Delay(200);
        P2 = 0xFF;
        P0 = LEDData[scoreL%10];
        P2 = 0xBF;                       //10111111
        Delay(200);
        P2 = 0xFF;
        P0 = LEDData[scoreR/10];
        P2 = 0xDF;
        Delay(200);
        P2 = 0xFF;
```

169

```c
        P0 = LEDData[ scoreR%10 ] ;
        P2 = 0xEF ;
        Delay( 200 ) ;
        P2 = 0xFF ;
}
/ ***** 主函数 ***** /
void main( void )
{
        InitTimer( ) ;                          //初始化定时器
        EA = 1 ;                                //全局中断开关
        TR0 = 0 ;
        TR1 = 0 ;
        ET0 = 1 ;                               //开启定时器 0
        ET1 = 1 ;
        EX0 = 1 ;                               //开启外部中断 0
        IT0 = 1 ;                               //设置成下降沿触发
        EX1 = 1 ;
        IT1 = 1 ;
        while( 1 )
        {
            if( ( start = = 0 ) && ( run = = 0 ) )      //停止状态下,控下 start 键
            {
                Disp_score( ) ;
                {
                    if( start = = 0 )
                    {
                        if( ( scoreL = = 11 ) | | ( scoreR = = 11 ) )
                        {
                            TR1 = 0 ;
                            ALAM = 1 ;
                            scoreL = 0 ;
                            scoreR = 0 ;
                        }
                        run = 1 ;
                        if( L_R = = 0 )
                        {
                            countt0 = 0 ;
                            P1 = PPQdata[ 0 ] ;
                            EX0 = 1 ;
                            EX1 = 0 ;
                        }
                        else
                        {
                            countt0 = 7 ;
                            P1 = PPQdata[ 7 ] ;
                            EX0 = 0 ;
                            EX1 = 1 ;
                        }
                    }
                }
            }
            Disp_score( ) ;
```

170

```c
        }
}
//==========定时器0中断服务程序=========
void timer0(void) interrupt 1              //用于乒乓球的运行速度控制
{
    TH0=0x3c;                              //T0重新赋初值
    TL0=0xb0;
    TR0=1;                                 //开启计数器0
    countt0n++;
    if(countt0n==2)
    {
        countt0n=0;
        if(L_R==0)
        {
            countt0++;                     //中断计数加1
            if(countt0==7)                 //当计数器计数到7时,即LED运行到端点时
            {
                EX1=1;                     //开启外部中断1,便于选手击球
            }
            else
            {
                EX0=0;
                EX1=0;
            }
        }
        else
        {
            countt0--;
            if(countt0==0)
            {
                EX0=1;
            }
            else
            {
                EX0=0;
                EX1=0;
            }
        }
        P1=PPQdata[countt0];
        if((countt0==8)||(countt0==-1))//当计数大于7或小于0时(表明选手未击中球)
        {
            TR0=0;                         //关定时器(球停止运行)
            run=0;
            EX0=0;                         //关外部中断0和1
            EX1=0;
            if(L_R==0)                     //根据方向标志位判断哪一方得分
            {
                scoreL++;                  //左方加1分
                if(scoreL==11)             //当分数=11分时
                {
                    TR0=0;                 //关T0
                    TR1=1;                 //开启T0定时器,产生报警信号
```

171

```
                    }
                }
                else
                {
                    scoreR++;
                    if( scoreR = = 11)
                    {
                        TR0 = 0;
                        TR1 = 1;
                    }
                }
                P1 = 0xFF;
            }
        }
    }
}
//=========定时中断 1 服务程序===========
void timer1( void) interrupt 3                        //用于产生报警信号
{
    TH1 = 0x3C;
    TL1 = 0xB0;
    TR1 = 1;
    countt1++;
    if( countt1 = = 10)
    {
        countt1 = 0;
        ALAM = ~ ALAM;
    }
}

/ *****外部中断 0 服务程序 *****/
void int0( void) interrupt 0
{
    EX0 = 0;                                          //关外部中断 0
    TR0 = 1;                                          //开启定时器 0,乒乓球开始运行
    run = 1;
    L_R = 0;
    //EX0 = 1;                                        //开外部中断 0
}
// *****外部中断 1 服务程序 *****/
void int1( void) interrupt 2
{
    EX1 = 0;                                          //关外部中断 1
    TR0 = 1;                                          //开启定时器,乒乓球开始运行
    run = 1;
    L_R = 1;
    EX1 = 1;                                          //开外部中断 1
}
```

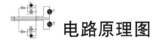 **电路原理图**

乒乓球比赛模拟电路原理图如图 15-10 所示。

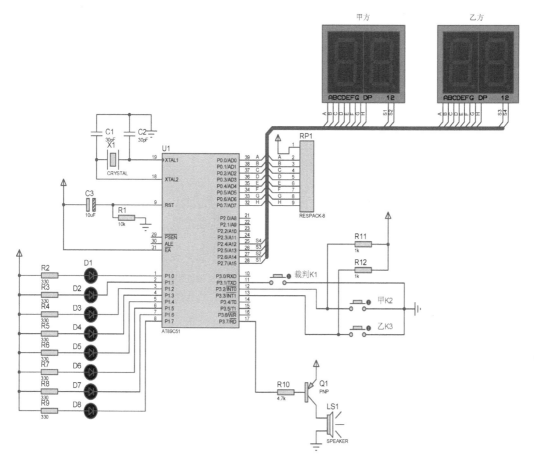

图 15-10   乒乓球比赛模拟电路原理图

 系统仿真

仿真结果分析：本游戏开始时球在甲方手中，数码管显示双方比分为 00：00，如图 15-11 所示。

每局比赛开始时，裁判按下开始键 K1，由得分方按键发球，对方按键接球，此时 8 位 LED 灯按照球运行的方向逐次点亮，数码管显示得分。图 15-12 是甲方对乙方 11：5 的显示结果，此时蜂鸣器报警，甲方获胜，本局比赛结束。

裁判按下开始键 K1，游戏进入下一轮，此时得分较高方一段的 LED 灯亮，数码管重新显示 00：00，此时发球权交给在上一轮比赛中得分较高的一方，下一轮游戏正式开始。

 **PCB 版图**

电路板布线图（PCB 版图）如图 15-13 所示。

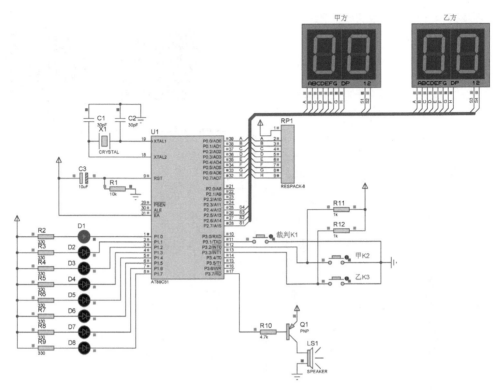

图 15-11 比赛开始时的显示结果

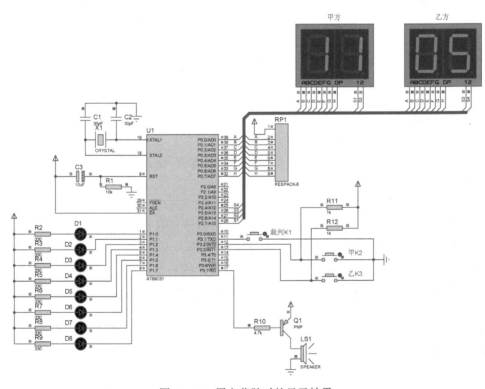

图 15-12 甲方获胜时的显示结果

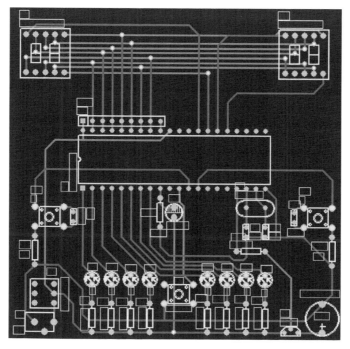

图 15-13　乒乓球比赛模拟电路 PCB 版图

 实物测试

乒乓球比赛模拟电路实物图如图 15-14 所示。图 15-15 所示为乒乓球比赛模拟电路实物测试图。

图 15-14　乒乓球比赛模拟电路实物图

图 15-15　乒乓球比赛模拟电路实物测试图

 思考与练习

（1）为什么复位电路中按复位键后给单片机一个高电平？

答：在单片机启动 0.1s 后，电容 C 两端的电压持续充电为 5V，这时 100Ω 电阻两端的电压接近于 0V，RST 处于低电平，系统正常工作。当按键被按下时，开关导通，电容短路，电容开始释放之前充的电量。电容的电压在 0.1s 内，从 5V 释放到 1.5V，甚至更小。这时 100Ω 电阻两端的电压为 3.5V，甚至更大，所以 RST 引脚又接收到高电平，复位完成。

（2）为什么振荡电路中要加两个瓷片电容？

答：晶振与单片机的引脚 XTAL2 和 XTAL1 构成的振荡电路中会产生谐波（也就是不希望存在的其他频率的波），它会降低电路时钟振荡器的稳定性，为了保持电路的稳定性，在晶振的两个引脚处接入两个 10~50pF 的瓷片电容接地来削弱谐波对电路稳定性的影响。

 特别提醒

（1）振荡电路中晶振的选值不宜过大，一般在 24MHz 左右单片机就跟不上了。瓷片电容的选值一般在 10~50pF 范围内。

（2）PNP 管换成 NPN 管也可以，但 I/O 口要输出高电平管子才能导通，蜂鸣器才会响。

（3）蜂鸣器电路中电阻是限流的，基极电流太大会把三极管烧坏，小点比较好。PNP 型三极管是工作在放大、截止还是饱和状态由三极管的接法和状态电路参数决定。开关其实就是工作在截止和饱和两个状态。

项目 16　数字频率计设计

设计任务

设计一个简单的数字频率计，将函数信号发生器产生的频率准确地显示出来。

基本要求

☺ 设计一个简易频率测量电路，实现数码显示。
☺ 测量范围：1Hz～250kHz。
☺ 测量精度：1Hz。
☺ 输入信号幅值：20mV～5V。
☺ 显示方式：8 位共阴数码管。

总体思路

本数字频率计将采用定时、计数的方法测量频率，采用两个 8 位共阴数码管显示器动态显示 8 位数，测量范围从 1Hz～250kHz 的三角波、正弦波、方波，并且用单片机实现自动测量功能。

系统组成

数字频率计系统硬件主要由 AT89C52 单片机、方波信号产生电路、共阴数码管显示电路、三极管驱动电路四部分组成。

☺ 第一部分：AT89C52 是一种带 4KB 闪烁可编程可擦除只读存储器的低电压、高性能 CMOS 8 位微处理器，俗称单片机。本设计主要利用其定时器/计数器 T0、T1 实现定时与计数功能。
☺ 第二部分：方波信号产生电路的 out 接 T0 计数器，以使 T0 完成对方波的计数功能。
☺ 第三部分：共阴数码管用来显示测得的频率。

☺ 第四部分：三极管驱动电路用来驱动共阴数码管。

系统方案的模块框图如图 16-1 所示。

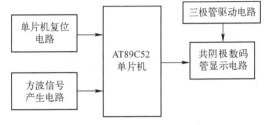

图 16-1 系统方案的模块框图

![模块详解图标] **模块详解**

1. AT89C52 单片机

单片机外围硬件电路包括振荡电路和复位电路。复位电路采用上拉电解电容上电复位电路。本设计采用的是 HMOS 型 MCS-51 振荡电路，当外接晶振时，C1 和 C2 的值通常选择 30pF。单片机原理图如图 16-2 所示。

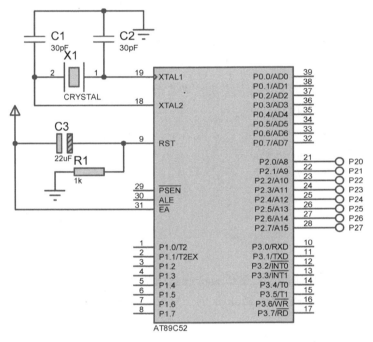

图 16-2 单片机原理图

2. 方波信号产生电路 NE555

NE555 是 555 系列计时 IC 的一种型号，555 系列 IC 的引脚功能及应用都是相容的，只是型号不同，因其价格不同，其稳定性、耗电情况、可产生的振荡频率也不大相同，但 NE555 是一个用途很广且相当普遍的计时 IC，只需少数电阻和电容，便可产生数位电路所需的各种不同频率的脉冲信号。

NE555 的特点如下。

（1）只需简单的电阻、电容，即可完成特定的振荡延时。其延时范围极广，可由几微秒至几小时。

（2）它的操作电源范围极大，可与 TTL、CMOS 等逻辑闸配合，也就是说，它的输出及输入触发准位，均能与这些逻辑系列的高、低态组合。

（3）其输出端的供给电流大，可直接推动多种自动控制的负载。

（4）它的计时精确度高、温度稳定性佳且价格便宜。

图 16-3 所示为方波信号产生电路。

3. 数码管

数码管是一种半导体发光器件，其基本单元是发光二极管。

数码管由 7 个发光二极管组成，此外还有一个圆点型发光二极管（在图中以 DP 表示）用于显示小数点。通过 7 段发光二极管亮暗的不同组合，可以显示多种数字、字母及其他符号。

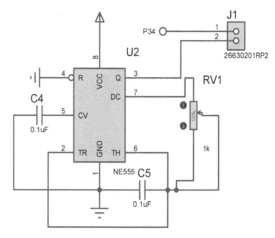

图 16-3　方波信号产生电路图

本设计采用共阴数码管及共阴极接法。

共阴极接法：把发光二极管的阴极连在一起构成公共阴极。使用时公共阴极接地，这样阳极端输入高电平的段发光二极管就导通点亮，而输入低电平的段则不点亮。实验中使用的 LED 显示器为共阴极接法，为了显示数字或符号，要为 LED 显示器提供代码，因为这些代码是为显示字形的，因此称为字形代码。7 段发光二极管，再加上一个小数点位，共 8 段，因此提供给 LED 显示器的字形代码正好一个字节。若 A、B、C、D、E、F、G、DP 共 8 个显示段依次对应一个字节的低位到高位，即 S0、S1、S2、S3、S4、S5、S6、S7，则用共阴数码管显示十六进制数时所需的字形代码见表 16-1。

表 16-1　共阴数码管显示十六进制数时所需的字形代码

字　　形	共阴字形代码	字　　形	共阴字形代码	字　　形	共阴字形代码
0	3FH	6	7DH	C	39H
1	06H	7	07H	D	5EH
2	5BH	8	7FH	E	79H
3	4FH	9	6FH	F	71H
4	66H	A	77H	灭	00H
5	6DH	B	7CH		

图 16-4 所示为共阴数码管原理图。

图 16-4　共阴数码管原理图

179

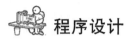 程序设计

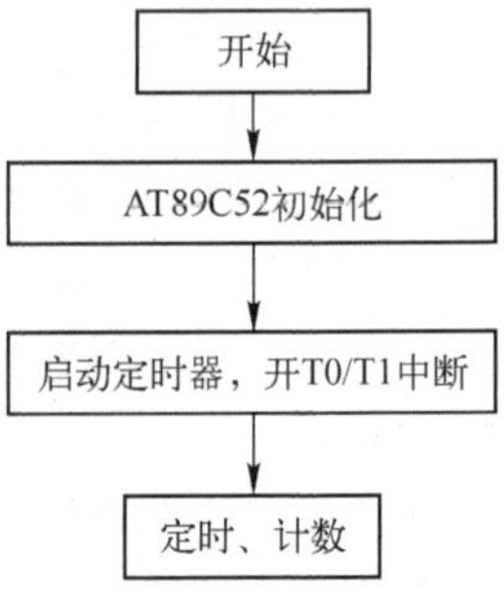

单片机程序流程图如图 16-5 所示。

C 语言程序源代码

```
#include <AT89X52.H>
unsigned char code dispbit[ ] = {0x7f,0xbf,0xdf,0xef,0xf7,
0xfb,0xfd,0xfe};                                    //正扫
unsigned char code dispcode[ ] = {0x3f,0x06,0x5b,0x4f,0x66,
                        0x6d,0x7d,0x07,0x7f,0x6f,0x00,0x40};
unsigned char dispbuf[8] = {0,0,0,0,0,0,10,10};
unsigned char temp[8];
unsigned char dispcount;
unsigned char T0count;
unsigned char timecount;
bit flag;
unsigned long x;
void main(void)
{
    unsigned char i;
    TMOD = 0x15;
    TH0 = 0;
    TL0 = 0;
    TH1 = (65536-5000)/256;
    TL1 = (65536-5000)%256;
    TR1 = 1;
    TR0 = 1;
    ET0 = 1;
    ET1 = 1;
    EA = 1;
    while(1)
      {
        if(flag == 1)
          {
            flag = 0;
            x = T0count * 65536+TH0 * 256+TL0;
            for(i = 0;i<8;i++)
              {
                  temp[i] = 0;
              }
            i = 0;
            while(x/10)
              {
                  temp[i] = x%10;
                  x = x/10;
                  i++;
              }
            temp[i] = x;
            for(i = 0;i<6;i++)
```

开始

AT89C52初始化

启动定时器，开T0/T1中断

定时、计数

图 16-5　单片机程序流程图

180

```
                    }
                      dispbuf[i] = temp[i];
                    }
                timecount = 0;
                T0count = 0;
                TH0 = 0;
                TL0 = 0;
                TR0 = 1;
              }
          }
    }
void t0(void) interrupt 1 using 0
{
  T0count++;
}
  void t1(void) interrupt 3 using 0
{
  TH1 = (65536-5000)/256;
  TL1 = (65536-5000)%256;
  timecount++;
  if(timecount == 200)
    {
      TR0 = 0;
      timecount = 0;
      flag = 1;
    }
  P2 = 0xff;
  P0 = dispcode[dispbuf[dispcount]];
  P2 = dispbit[dispcount];
  dispcount++;
  if(dispcount == 8)
    {
      dispcount = 0;
    }
}
```

 **电路原理图**

数字频率计的整体电路图如图 16-6 所示。

 调试与仿真

采用波形发生器，直接调节波形和频率，仿真结果如图 16-7 和图 16-8 所示。

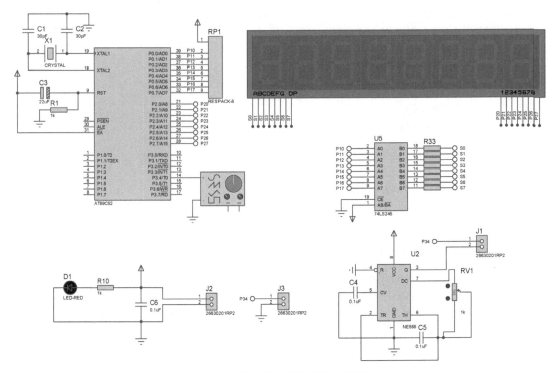

图 16-6　数字频率计的整体电路图

图 16-7　设定方波为 87Hz 时的仿真结果

　　仿真结果分析：调节波形发生器，输出方波频率为 87Hz 时，可以看到数码管上显示 87，如图 16-7 所示；当输出正弦波为 89Hz 时，数码管显示 89，如图 16-8 所示。电路测试准确无误。

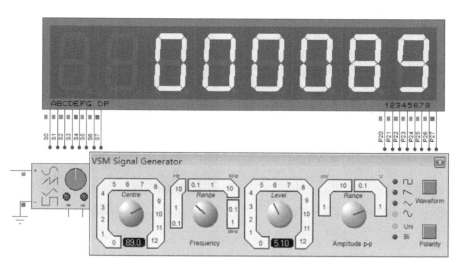

图 16-8   设定正弦波为 89Hz 时的仿真结果

PCB 版图

数字频率计设计 PCB 版图如图 16-9 所示。

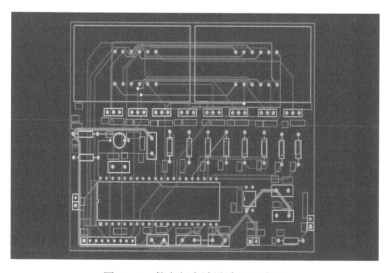

图 16-9   数字频率计设计 PCB 版图

实物测试

数字频率计设计实物图如图 16-10 所示，其测试实验图如图 16-11 所示。

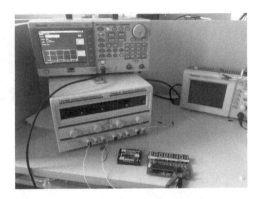

图 16-10　数字频率计设计实物图　　　图 16-11　数字频率计设计测试实验图

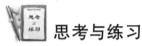 思考与练习

（1）设计完成后请回答为何会有频率不稳定现象。

答：原因有以下几点：

① 电源电压不稳定；

② 3 脚或 7 脚电流太大；

③ 7 脚上拉电阻太小。

（2）设计完成后请回答本实验误差的来源。

答：本实验主要误差为定时/计数误差。因为定时和计数都是由单片机本身来完成的，在计数的时候会产生误差。这个误差的大小是由单片机的内部时钟决定的，采用高频率的晶振来为单片机提供内部时钟，能减小此误差。本次设计用的是 12MHz 晶振，而测频的范围是 1Hz~1MHz，所以定时/计数误差在本系统基本可以忽略不计。

（3）回答一下 NE555 电容 C4 的作用。

答：C4 起滤波作用，5 脚是控制脚，控制电压也称基准电压，当计时器在稳定或振荡运作方式下时，此输入能用来改变或调整输出频率，所以当有外界干扰时，C4 起滤除外界干扰的作用。

 特别提醒

（1）当电路各部分设计完毕后，需对各部分进行适当的连接，并考虑器件间的相互影响。记得检查元器件封装及各信号线宽度是否符合实际要求。

（2）设计完成后要对电路进行电压和频率分析测试。可使用万用表测量电源电压和输出端频率，观察相关数据的波动情况。

项目 17　多功能万年历设计

设计任务

本项目以实时时钟芯片 DS1302 和 AT89C51 单片机为主要研究对象，着重进行 51 系列单片机控制系统的设计研究和如何读取 DS1302 内部时钟信息的研究，以及运用 DS18B20 进行实时温度检测。

基本要求

☺ 实时温度显示；
☺ 年、月、日、星期、时、分、秒显示；
☺ 年、月、日、星期、时、分、秒调整；
☺ 闹钟、定时的时、分和秒设置。

总体思路

多功能万年历主要由单片机 AT89C51、时钟芯片 DS1302、温度传感器 DS18B20、液晶显示屏 LCD1602、蜂鸣器几部分构成。整个芯片的工作由单片机控制，首先将程序写入单片机，单片机通过指令控制各部分工作，最后实现了万年历。万年历的功能包括实时温度显示，年、月、日、星期、时、分、秒显示，年、月、日、星期、时、分、秒调整，闹钟、定时的时、分和秒设置。从 1 月 1 日开始，数字日历会随着脉冲不停地走动，控制器会接收到此时是 1 月的信息，从而在 1 月 31 日之后自动进位，变成 2 月 1 日。而控制器在 2 月的时候又会接收到闰月的信息，从而控制 2 月的日数。一直到 12 月 31 日，再跳回 1 月 1 日，星期会随着脉冲独立地在星期一和星期日之间循环跳动，周而复始。

系统组成

☺ 第一部分：单片机电路。
☺ 第二部分：时钟芯片电路。

☺第三部分：温度采集电路设计。

☺第四部分：LCD1602 液晶显示屏电路。

☺第五部分：按键调整电路。

☺第六部分：蜂鸣器闹铃电路。

☺第七部分：电源模块。

该系统的系统框图如图 17-1 示。

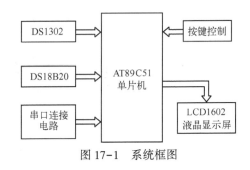

图 17-1　系统框图

 模块详解

1. 单片机电路

本系统以 AT89C51 单片机为核心，选用 11.0592MHz 的晶振，使得单片机有合理的运行速度。起振电容为 C1，对振荡器的频率高低、稳定性和起振的快速性影响较适宜，复位电路为按键高电平复位。

单片机电路设计如图 17-2 所示。

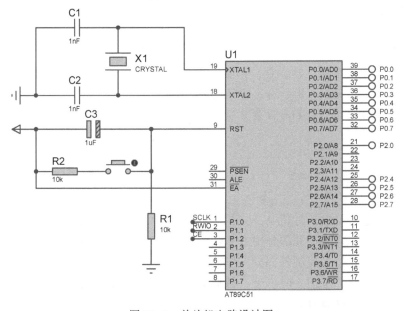

图 17-2　单片机电路设计图

2. 时钟芯片电路

DS1302 是一款高性能的时钟芯片，可自动对秒、分、时、日、周、月、年及闰年补偿的年进行计数，而且精度高，RAM 作为数据暂存区，工作电压为 2.5～5.5V，2.5V 时耗电小于 300nA。DS1302 的引脚分布如图 17-3所示。

当进行仿真时，DS1302 会弹出如图 17-4

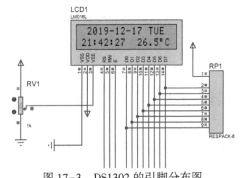

图 17-3　DS1302 的引脚分布图

所示的窗口，显示当前时间。

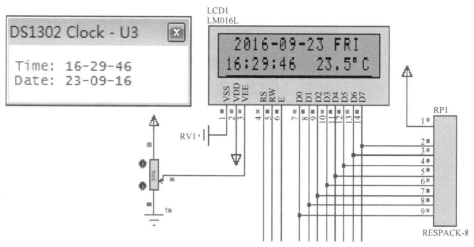

图 17-4　DS1302 的仿真结果

3. 温度采集电路设计

数字式温度传感器 DS18B20 能直接读出被测温度，并且可根据实际要求通过简单的编程实现 9~12 位的数字值读数方式。

DS18B20 的主要性能如下。

（1）在温度转换精度为 ±0.5℃ 时，电压范围为 3.0~5.5V，寄生电源方式下可由数据线供电。既可以用寄生电源供电，也可采用外部电源供电。

（2）独特的单线接口方式：DS18B20 与微处理器连接时，仅需一个 I/O 口线便可实现微处理器与 DS18B20 的双向通信。

（3）温度测量范围为 -55~+125℃，在 -10~+85℃ 时精度为 ±0.5℃，固有测温分辨率为 0.5℃。

（4）掉电保护功能：内部有 EEPROM（Electrically-Erasable Programmable Read-Only Memory，可擦可编程只读存储器），系统掉电后，它仍可保存分辨率及报警温度的设定值。

（5）直接以数字信号的方式输出温度测量结果，以"一线总线"串行方式传送给 CPU（Central Processing Unit，中央处理器），同时可传送校验码，具有极强的抗干扰纠错能力。

（6）负压特性：电源极性接反时，芯片不会被烧毁，但不能正常工作。

（7）可编程分辨率为 9~12 位，对应的分辨温度为 0.5℃、0.25℃、0.125℃ 和 0.0625℃。

4. LCD1602 液晶显示屏电路

液晶 5 端为读/写选择端，因为不从液晶中读取数据，只向其写入命令和显示数据，因此此端始终选择为写状态，即低电平接地。液晶 6 端为使能信号，是操作时必需的信号。其电路如图 17-5 所示。

5. 按键调整电路

系统的 4 个独立键盘均采用查询方式，K2 用于设置年、月、日、时、分、秒、星期的数值加及闹钟开，K3 用于设置年、月、日、时、分、秒、星期的数值减及闹钟关，K1 用于具体设置时钟位的切换，K4 用于设置闹钟。按键调整电路如图 17-6 所示。

6. 蜂鸣器闹铃电路

当单片机给蜂鸣器一个低电平时，三极管导通驱动蜂鸣器发出声音作为定时闹铃，其

187

电路图如图 17-7 所示。

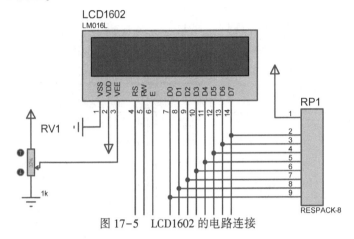

图 17-5　LCD1602 的电路连接

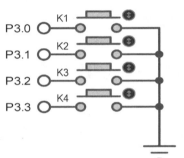

图 17-6　按键调整电路

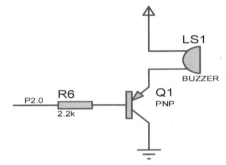

图 17-7　蜂鸣器闹铃电路

 程序设计

单片机主程序流程如图 17-8 所示。

C 语言程序源代码

```
#include<reg52. h>
#include <string. h>
#include <intrins. h>
#define uint unsigned int
#define uchar unsigned char
#define wd 1          //定义是否有温度功能，=0 时无温度，
                        =1 时有温度
#define yh 0x80       //LCD 第一行的初始位置，因为
                        LCD1602 字符地址首位 D7 恒定为 1
                        (100000000=80)
#define er 0x80+0x40  //LCD 第二行的初始位置,因为第
                        二行第一个字符位置地址是 0x40
//液晶屏与 C51 之间的引脚连接定义(显示数据线接 C51 的
  P0 口)
sbit en=P2^7;
```

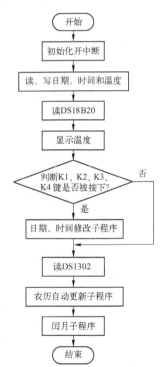

图 17-8　单片机主程序流程图

188

```
sbit rw = P2^6;                    //如果硬件上 rw 接地,就不用写这句和后面的 rw = 0 了
sbit rs = P2^5;
//校时按键与 C51 的引脚连接定义
sbit set = P3^0;                   //设置键
sbit add = P3^1;                   //加键
sbit dec = P3^2;                   //减键
sbit seeNL_NZ = P3^3;              //查看农历/闹钟
sbit DQ = P3^7;
sbit buzzer = P2^0;                //蜂鸣器,通过三极管 8550 驱动,端口低电平响
sbit led = P2^4;                   //LCD 背光开关
bit   led1 = 1;
unsigned char temp_miao;
unsigned char bltime;              //背光亮的时间
//DS1302 与 C51 之间的引脚连接定义
sbit IO = P1^1;
sbit SCLK = P1^0;
sbit RST = P1^2;
uchar a,miao,shi,fen,ri,yue,nian,week,setn,temp;
uint flag;
//flag 用于读取头文件中的温度值和显示温度值
bit c_moon;
uchar nz_shi = 12,nz_fen = 0,nz_miao = 0,setNZn;      //定义闹钟变量
ucharshangyimiao,bsn,temp_hour;                       //记录上一秒时间
uchar T_NL_NZ;                                         //计数器
bit timerOn = 0;                                       //闹钟启用标志位
bit baoshi = 0;                                        //整点报时标志位
bit p_r = 0;                                           //平年/闰年,=0 表示平年,=1 表示闰年
data uchar year_moon,month_moon,day_moon,week;
sbit ACC0 = ACC^0;
sbit ACC7 = ACC^7;
// ********* 阳历转换阴历表 ***************************************
code uchar year_code[597] = {
                    0x04,0xAe,0x53,      //1901 0
                    0x0A,0x57,0x48,      //1902 3
                    0x55,0x26,0xBd,      //1903 6
                    0x0d,0x26,0x50,      //1904 9
                    0x0d,0x95,0x44,      //1905 12
                    0x46,0xAA,0xB9,      //1906 15
                    0x05,0x6A,0x4d,      //1907 18
                    0x09,0xAd,0x42,      //1908 21
                    0x24,0xAe,0xB6,      //1909
                    0x04,0xAe,0x4A,      //1910
                    0x6A,0x4d,0xBe,      //1911
                    0x0A,0x4d,0x52,      //1912
                    0x0d,0x25,0x46,      //1913
                    0x5d,0x52,0xBA,      //1914
                    0x0B,0x54,0x4e,      //1915
                    0x0d,0x6A,0x43,      //1916
                    0x29,0x6d,0x37,      //1917
                    0x09,0x5B,0x4B,      //1918
                    0x74,0x9B,0xC1,      //1919
                    0x04,0x97,0x54,      //1920
```

189

```
0x0A,0x4B,0x48,    //1921
0x5B,0x25,0xBC,    //1922
0x06,0xA5,0x50,    //1923
0x06,0xd4,0x45,    //1924
0x4A,0xdA,0xB8,    //1925
0x02,0xB6,0x4d,    //1926
0x09,0x57,0x42,    //1927
0x24,0x97,0xB7,    //1928
0x04,0x97,0x4A,    //1929
0x66,0x4B,0x3e,    //1930
0x0d,0x4A,0x51,    //1931
0x0e,0xA5,0x46,    //1932
0x56,0xd4,0xBA,    //1933
0x05,0xAd,0x4e,    //1934
0x02,0xB6,0x44,    //1935
0x39,0x37,0x38,    //1936
0x09,0x2e,0x4B,    //1937
0x7C,0x96,0xBf,    //1938
0x0C,0x95,0x53,    //1939
0x0d,0x4A,0x48,    //1940
0x6d,0xA5,0x3B,    //1941
0x0B,0x55,0x4f,    //1942
0x05,0x6A,0x45,    //1943
0x4A,0xAd,0xB9,    //1944
0x02,0x5d,0x4d,    //1945
0x09,0x2d,0x42,    //1946
0x2C,0x95,0xB6,    //1947
0x0A,0x95,0x4A,    //1948
0x7B,0x4A,0xBd,    //1949
0x06,0xCA,0x51,    //1950
0x0B,0x55,0x46,    //1951
0x55,0x5A,0xBB,    //1952
0x04,0xdA,0x4e,    //1953
0x0A,0x5B,0x43,    //1954
0x35,0x2B,0xB8,    //1955
0x05,0x2B,0x4C,    //1956
0x8A,0x95,0x3f,    //1957
0x0e,0x95,0x52,    //1958
0x06,0xAA,0x48,    //1959
0x7A,0xd5,0x3C,    //1960
0x0A,0xB5,0x4f,    //1961
0x04,0xB6,0x45,    //1962
0x4A,0x57,0x39,    //1963
0x0A,0x57,0x4d,    //1964
0x05,0x26,0x42,    //1965
0x3e,0x93,0x35,    //1966
0x0d,0x95,0x49,    //1967
0x75,0xAA,0xBe,    //1968
0x05,0x6A,0x51,    //1969
0x09,0x6d,0x46,    //1970
0x54,0xAe,0xBB,    //1971
0x04,0xAd,0x4f,    //1972
```

```
0x0A,0x4d,0x43,    //1973
0x4d,0x26,0xB7,    //1974
0x0d,0x25,0x4B,    //1975
0x8d,0x52,0xBf,    //1976
0x0B,0x54,0x52,    //1977
0x0B,0x6A,0x47,    //1978
0x69,0x6d,0x3C,    //1979
0x09,0x5B,0x50,    //1980
0x04,0x9B,0x45,    //1981
0x4A,0x4B,0xB9,    //1982
0x0A,0x4B,0x4d,    //1983
0xAB,0x25,0xC2,    //1984
0x06,0xA5,0x54,    //1985
0x06,0xd4,0x49,    //1986
0x6A,0xdA,0x3d,    //1987
0x0A,0xB6,0x51,    //1988
0x09,0x37,0x46,    //1989
0x54,0x97,0xBB,    //1990
0x04,0x97,0x4f,    //1991
0x06,0x4B,0x44,    //1992
0x36,0xA5,0x37,    //1993
0x0e,0xA5,0x4A,    //1994
0x86,0xB2,0xBf,    //1995
0x05,0xAC,0x53,    //1996
0x0A,0xB6,0x47,    //1997
0x59,0x36,0xBC,    //1998
0x09,0x2e,0x50,    //1999 294
0x0C,0x96,0x45,    //2000 297
0x4d,0x4A,0xB8,    //2001
0x0d,0x4A,0x4C,    //2002
0x0d,0xA5,0x41,    //2003
0x25,0xAA,0xB6,    //2004
0x05,0x6A,0x49,    //2005
0x7A,0xAd,0xBd,    //2006
0x02,0x5d,0x52,    //2007
0x09,0x2d,0x47,    //2008
0x5C,0x95,0xBA,    //2009
0x0A,0x95,0x4e,    //2010
0x0B,0x4A,0x43,    //2011
0x4B,0x55,0x37,    //2012
0x0A,0xd5,0x4A,    //2013
0x95,0x5A,0xBf,    //2014
0x04,0xBA,0x53,    //2015
0x0A,0x5B,0x48,    //2016
0x65,0x2B,0xBC,    //2017
0x05,0x2B,0x50,    //2018
0x0A,0x93,0x45,    //2019
0x47,0x4A,0xB9,    //2020
0x06,0xAA,0x4C,    //2021
0x0A,0xd5,0x41,    //2022
0x24,0xdA,0xB6,    //2023
0x04,0xB6,0x4A,    //2024
```

```
0x69,0x57,0x3d,      //2025
0x0A,0x4e,0x51,      //2026
0x0d,0x26,0x46,      //2027
0x5e,0x93,0x3A,      //2028
0x0d,0x53,0x4d,      //2029
0x05,0xAA,0x43,      //2030
0x36,0xB5,0x37,      //2031
0x09,0x6d,0x4B,      //2032
0xB4,0xAe,0xBf,      //2033
0x04,0xAd,0x53,      //2034
0x0A,0x4d,0x48,      //2035
0x6d,0x25,0xBC,      //2036
0x0d,0x25,0x4f,      //2037
0x0d,0x52,0x44,      //2038
0x5d,0xAA,0x38,      //2039
0x0B,0x5A,0x4C,      //2040
0x05,0x6d,0x41,      //2041
0x24,0xAd,0xB6,      //2042
0x04,0x9B,0x4A,      //2043
0x7A,0x4B,0xBe,      //2044
0x0A,0x4B,0x51,      //2045
0x0A,0xA5,0x46,      //2046
0x5B,0x52,0xBA,      //2047
0x06,0xd2,0x4e,      //2048
0x0A,0xdA,0x42,      //2049
0x35,0x5B,0x37,      //2050
0x09,0x37,0x4B,      //2051
0x84,0x97,0xC1,      //2052
0x04,0x97,0x53,      //2053
0x06,0x4B,0x48,      //2054
0x66,0xA5,0x3C,      //2055
0x0e,0xA5,0x4f,      //2056
0x06,0xB2,0x44,      //2057
0x4A,0xB6,0x38,      //2058
0x0A,0xAe,0x4C,      //2059
0x09,0x2e,0x42,      //2060
0x3C,0x97,0x35,      //2061
0x0C,0x96,0x49,      //2062
0x7d,0x4A,0xBd,      //2063
0x0d,0x4A,0x51,      //2064
0x0d,0xA5,0x45,      //2065
0x55,0xAA,0xBA,      //2066
0x05,0x6A,0x4e,      //2067
0x0A,0x6d,0x43,      //2068
0x45,0x2e,0xB7,      //2069
0x05,0x2d,0x4B,      //2070
0x8A,0x95,0xBf,      //2071
0x0A,0x95,0x53,      //2072
0x0B,0x4A,0x47,      //2073
0x6B,0x55,0x3B,      //2074
0x0A,0xd5,0x4f,      //2075
0x05,0x5A,0x45,      //2076
```

```
        0x4A,0x5d,0x38,      //2077
        0x0A,0x5B,0x4C,      //2078
        0x05,0x2B,0x42,      //2079
        0x3A,0x93,0xB6,      //2080
        0x06,0x93,0x49,      //2081
        0x77,0x29,0xBd,      //2082
        0x06,0xAA,0x51,      //2083
        0x0A,0xd5,0x46,      //2084
        0x54,0xdA,0xBA,      //2085
        0x04,0xB6,0x4e,      //2086
        0x0A,0x57,0x43,      //2087
        0x45,0x27,0x38,      //2088
        0x0d,0x26,0x4A,      //2089
        0x8e,0x93,0x3e,      //2090
        0x0d,0x52,0x52,      //2091
        0x0d,0xAA,0x47,      //2092
        0x66,0xB5,0x3B,      //2093
        0x05,0x6d,0x4f,      //2094
        0x04,0xAe,0x45,      //2095
        0x4A,0x4e,0xB9,      //2096
        0x0A,0x4d,0x4C,      //2097
        0x0d,0x15,0x41,      //2098
        0x2d,0x92,0xB5,      //2099
};
///月份数据表
code uchar day_code1[9] = {0x0,0x1f,0x3b,0x5a,0x78,0x97,0xb5,0xd4,0xf3};
code uint day_code2[3] = {0x111,0x130,0x14e};
bit c_moon;
data uchar year_moon,month_moon,day_moon,week;
//子函数,用于读取数据表中农历月的大月或小月,如果该月为大,则返回1,为小则返回0
bit get_moon_day(uchar month_p,uint table_addr)
{
uchar temp;
    switch (month_p){
        case 1:{temp=year_code[table_addr]&0x08;
            if (temp==0)return(0);else return(1);}
        case 2:{temp=year_code[table_addr]&0x04;
            if (temp==0)return(0);else return(1);}
        case 3:{temp=year_code[table_addr]&0x02;
            if (temp==0)return(0);else return(1);}
        case 4:{temp=year_code[table_addr]&0x01;
            if (temp==0)return(0);else return(1);}
        case 5:{temp=year_code[table_addr+1]&0x80;
            if (temp==0) return(0);else return(1);}
        case 6:{temp=year_code[table_addr+1]&0x40;
            if (temp==0)return(0);else return(1);}
        case 7:{temp=year_code[table_addr+1]&0x20;
            if (temp==0)return(0);else return(1);}
        case 8:{temp=year_code[table_addr+1]&0x10;
            if (temp==0)return(0);else return(1);}
        case 9:{temp=year_code[table_addr+1]&0x08;
            if (temp==0)return(0);else return(1);}
```

```
                    case 10:{temp=year_code[table_addr+1]&0x04;
                        if(temp==0)return(0);else return(1);}
                    case 11:{temp=year_code[table_addr+1]&0x02;
                        if(temp==0)return(0);clsc return(1);}
                    case 12:{temp=year_code[table_addr+1]&0x01;
                        if(temp==0)return(0);else return(1);}
                    case 13:{temp=year_code[table_addr+2]&0x80;
                        if(temp==0)return(0);else return(1);}
                    default:return(2);

        }

}
void Conversion(bit c,uchar year,uchar month,uchar day)
{ //c=0 为 21 世纪,c=1 为 20 世纪,输入/输出数据均为 BCD 数据
    uchar temp1,temp2,temp3,month_p;
    uint temp4,table_addr;
    bit flag2,flag_y;
    temp1=year/16;    //BCD→hex 先把数据转换为十六进制数
    temp2=year%16;
    year=temp1*16+temp2;
    temp1=month/16;
    temp2=month%16;
    month=temp1*16+temp2;
    temp1=day/16;
    temp2=day%16;
    day=temp1*16+temp2;
    //定位数据表地址
    if(c==0){
        table_addr=(year+0x64-1)*0x3;
    }
    else {
        table_addr=(year-1)*0x3;
    }
    temp1=year_code[table_addr+2]&0x60;
    temp1=_cror_(temp1,5);
    temp2=year_code[table_addr+2]&0x1f;
    if(temp1==0x1){
        temp3=temp2-1;
    }
    clsc{
        temp3=temp2+0x1f-1;
    }
    if(month<10){
        temp4=day_code1[month-1]+day-1;
    }
    else{
        temp4=day_code2[month-10]+day-1;
    }
    if((month>0x2)&&(year%0x4==0))
    {
        temp4+=1;
    }
    if(temp4>=temp3){    //公历日在春节后或春节当日使用下面代码进行运算
```

194

```
        temp4-=temp3;
        month=0x1;
        month_p=0x1;      //month_p 为月份指向,公历日在春节前或春节当日 month_p 指向首月
        flag2=get_moon_day(month_p,table_addr);
                                    //检查该农历月为大月还是小月,大月返回1,小月返回0
        flag_y=0;
        if(flag2==0)temp1=0x1d;    //小月 29 天
        else temp1=0x1e;           //大月 30 天
        temp2=year_code[table_addr]&0xf0;
        temp2=_cror_(temp2,4);     //从数据表中取该年的闰月月份,如为 0,则该年无闰月
        while(temp4>=temp1){
            temp4-=temp1;
            month_p+=1;
            if(month==temp2){
            flag_y=~flag_y;
            if(flag_y==0)month+=1;
            }
            else month+=1;
            flag2=get_moon_day(month_p,table_addr);
            if(flag2==0)temp1=0x1d;
            else temp1=0x1e;
        }
        day=temp4+1;
}
else{                              //公历日在春节前使用下面代码进行运算
    temp3-=temp4;
    if (year==0x0){year=0x63;c=1;}
    else year-=1;
    table_addr-=0x3;
    month=0xc;
    temp2=year_code[table_addr]&0xf0;
    temp2=_cror_(temp2,4);
    if (temp2==0)
        month_p=0xc;
    else
        month_p=0xd;
//month_p 为月份指向,如果当年有闰月,则一年有 13 个月,月指向 13,无闰月则指向 12
    flag_y=0;
    flag2=get_moon_day(month_p,table_addr);
    if(flag2==0)temp1=0x1d;
    else temp1=0x1e;
    while(temp3>temp1){
        temp3-=temp1;
        month_p-=1;
        if(flag_y==0)month-=1;
        if(month==temp2)flag_y=~flag_y;
        flag2=get_moon_day(month_p,table_addr);
        if(flag2==0)temp1=0x1d;
        else temp1=0x1e;
    }
    day=temp1-temp3+1;
}
```

195

```c
        c_moon=c;                    //HEX→BCD,运算结束后,把数据转换为 BCD 数据
        temp1=year/10;
        temp1=_crol_(temp1,4);
        temp2=year%10;
        year_moon=temp1|temp2;
        temp1=month/10;
        temp1=_crol_(temp1,4);
        temp2=month%10;
        month_moon=temp1|temp2;
        temp1=day/10;
        temp1=_crol_(temp1,4);
        temp2=day%10;
        day_moon=temp1|temp2;
}
code uchar table_week[12]={0,3,3,6,1,4,6,2,5,0,3,5}; //月修正数据表
void Conver_week(uchar year,uchar month,uchar day)
{//c=0 为 21 世纪,c=1 为 20 世纪,输入/输出数据均为 BCD 数据
    uchar p1,p2;
    year+=0x64;        //如果为 21 世纪,则年份数加 100
    p1=year/0x4;       //所过闰年数只算 1900 年之后的
    p2=year+p1;
    p2=p2%0x7;         //为节省资源,先进行一次取余,避免数大于 0xff,避免使用整型数据
    p2=p2+day+table_week[month-1];
    if (year%0x4==0&&month<3)p2-=1;
    week=p2%0x7;
}
uchar code tab1[]={"20  -  -   "};          //年显示的固定字符
uchar code tab2[]={"  :  :   "};           //时间显示的固定字符
uchar code nlp[]={"NL:  -  -   PING"};      //农历平年显示
uchar code nlr[]={"NL:  -  -   RUN "};      //农历闰年显示
uchar code NZd[]={"timer:   -  -   "};      //显示闹钟固定点
uchar code qk[]={"                "};       //清空显示
uchar code tm[]={"time"};
//=================DS18B20==========================
void Delayns(int num)            //延时函数
{
    while(num--);
}
//*************************************************************
void Init_DS18B20(void)          //初始化 DS18B20
{
    unsigned char x=0;
    DQ = 1;                      //DQ 复位
    Delayns(8);                  //稍作延时
    DQ = 0;                      //单片机将 DQ 拉低
    Delayns(80);                 //精确延时大于 480μs
    DQ = 1;                      //拉高总线
    Delayns(14);
    x=DQ;                        //稍作延时后,如果 x=0 则初始化成功,x=1 则初始化失败
    Delayns(20);
}
//*************************************************************
```

196

```c
unsigned char ReadOneChar(void)//读 1 字节
{
    unsigned char i=0;
    unsigned char dat = 0;
    for (i=8;i>0;i--)
    {
        DQ = 0;                 // 给脉冲信号
        dat>>=1;
        DQ = 1;                 // 给脉冲信号
        if(DQ)
        dat│=0x80;
        Delayns(4);
    }
    return(dat);
}
//*********************************************************
void WriteOneChar(unsigned char dat)    //写 1 字节
{
    unsigned char i=0;
    for (i=8; i>0; i--)
    {
        DQ = 0;
        DQ = dat&0x01;
        Delayns(5);
        DQ = 1;
        dat>>=1;
    }
}
//*********************************************************
unsigned int ReadTemperature(void)      //读取温度
{
    unsigned char a=0;
    unsigned char b=0;
    unsigned int t=0;
    float tt=0;
    Init_DS18B20();
    WriteOneChar(0xCC);         //跳过读序号、列号的操作
    WriteOneChar(0x44);         //启动温度转换
    Init_DS18B20();
    WriteOneChar(0xCC);         //跳过读序号、列号的操作
    WriteOneChar(0xBE);         //读取温度寄存器
    a=ReadOneChar();            //读低 8 位
    b=ReadOneChar();            //读高 8 位
    t=b;
    t<<=8;
    t=t│a;
    tt=t*0.0625;
    t= tt*10+0.5;               //放大 10 倍输出并四舍五入
    return(t);
}
//*********************************************************
//延时函数,后面经常调用
```

```c
void delay(uint xms)                    //延时函数,有参函数
{
    uint x,y;
    for(x=xms;x>0;x--)
    for(y=110;y>0;y--);
}
/*********液晶写入指令函数与写入数据函数,以后可调用**************/
/*液晶写入有关函数会在DS1302的函数中调用,所以液晶程序要放在前面*/
void write_1602com(uchar com)   //****液晶写入指令函数****
{
    rs=0;                       //数据/指令选择置为指令
    rw=0;                       //读写选择置为写
    P0=com;                     //送入指令
    delay(1);
    en=1;                       //拉高使能端,为制造有效的下降沿做准备
    delay(1);
    en=0;                       //en由高变低,产生下降沿,液晶执行命令
}
void write_1602dat(uchar dat)   //***液晶写入数据函数****
{
    rs=1;                       //数据/指令选择置为数据
    rw=0;                       //读写选择置为写
    P0=dat;                     //送入数据
    delay(1);
    en=1;                       //en置高电平,为制造下降沿做准备
    delay(1);
    en=0;                       //en由高变低,产生下降沿,液晶执行命令
}
void lcd_init()                 //***液晶初始化函数****
{
    write_1602com(0x38);        //设置液晶工作模式,16×2行显示,5×7点阵,8位数据
    write_1602com(0x0c);        //开显示,不显示光标
    write_1602com(0x06);        //整屏不移动,光标自动右移
    write_1602com(0x01);        //清显示
    write_1602com(yh+1);        //日历显示固定符号从第1行第1个位置之后开始显示
    for(a=0;a<14;a++)
    {
        write_1602dat(tab1[a]); //向液晶屏写日历显示的固定符号部分
    }
    write_1602com(er);          //时间显示固定符号写入位置,从第2个位置后开始显示
    for(a=0;a<8;a++)
    {
        write_1602dat(tab2[a]); //写显示时间固定符号,两个冒号
    }
}
/***************DS1302有关子函数*******************/
void write_byte(uchar dat)      //写1字节
{
    ACC=dat;
    RST=1;
    for(a=8;a>0;a--)
    {
```

198

```
        IO = ACC0;
        SCLK = 0;
        SCLK = 1;
        ACC = ACC>>1;
    }
}
uchar read_byte( )                    //读1字节
{
    RST = 1;
    for( a = 8 ; a>0 ; a--)
    {
        ACC7 = IO;
        SCLK = 1;
        SCLK = 0;
        ACC = ACC>>1;
    }
    return（ACC）;
}
//------------------------------------
void write_1302( uchar add, uchar dat)    //向 DS1302 写函数,指定写入地址、数据
{
    RST = 0;
    SCLK = 0;
    RST = 1;
    write_byte( add);
    write_byte( dat);
    SCLK = 1;
    RST = 0;
}
uchar read_1302( uchar add)               //从 DS1302 读数据函数,指定读取数据来源地址
{
    uchar temp;
    RST = 0;
    SCLK = 0;
    RST = 1;
    write_byte( add);
    temp = read_byte( );
    SCLK = 1;
    RST = 0;
    return( temp);
}
uchar BCD_Decimal( uchar bcd)    //BCD 码转十进制函数,输入 BCD 数据,返回十进制数
{
    uchar Decimal;
    Decimal = bcd>>4;
    return( Decimal = Decimal * 10+( bcd&= 0x0F));
}
//------------------------------------
void ds1302_init( )               //DS1302 芯片初始化子函数( 2010-01-07,12:00:00,week4)
{
    RST = 0;
    SCLK = 0;
```

199

```c
    write_1302(0x8e,0x00);      //允许写,禁止写保护
    write_1302(0x8e,0x80);      //打开写保护
}
//-----------------------------------------
//温度显示子函数
void write_temp(uchar add,uint dat)   //向 LCD 写温度数据,并指定显示位置
{
    uint gw,sw,bw;
    bw=dat/100;               //取得百位
    sw=dat%100/10;            //取得十位
    gw=dat%10;                //取得个位
    write_1602com(er+add);    //er 是头文件规定的值 0x80+0x40
    write_1602dat(0x30+bw);
    write_1602dat(0x30+sw);   //数字+30 得到该数字的 LCD1602 显示码
    write_1602dat('.');
    write_1602dat(0x30+gw);   //数字+30 得到该数字的 LCD1602 显示码
    write_1602dat(0xdf);      //显示温度的小圆圈符号,0xdf 是液晶屏字符库中该符号地址码
    write_1602dat(0x43);      //显示"C"符号,0x43 是液晶屏字符库中大写 C 的地址码}
//时、分、秒显示子函数
void write_sfm(uchar add,uchar dat)  //向 LCD 写时、分、秒,有显示位置加、显示数据两个参数
{
    uchar gw,sw;
    gw=dat%10;                //取得个位
    sw=dat/10;                //取得十位
    write_1602com(er+add);    //er 是头文件规定的值 0x80+0x40
    write_1602dat(0x30+sw);   //数字+30 得到该数字的 LCD1602 显示码
    write_1602dat(0x30+gw);   //数字+30 得到该数字的 LCD1602 显示码
}
//年、月、日显示子函数
void write_nyr(uchar add,uchar dat)  //向 LCD 写年、月、日,有显示位置加数、显示数据两个参数
{
    uchar gw,sw;
    gw=dat%10;                //取得个位数字
    sw=dat/10;                //取得十位数字
    write_1602com(yh+add);    //设定显示位置为第一个位置+add
    write_1602dat(0x30+sw);   //数字+30 得到该数字的 LCD1602 显示码
    write_1602dat(0x30+gw);   //数字+30 得到该数字的 LCD1602 显示码
}
//农历显示子函数
void write_nl(uchar add,uchar dat)  //向 LCD 写时、分、秒,有显示位置加、显示数据两个参数
{
    uchar gw,sw;
    gw=dat%16;                //取得个位
    sw=dat/16;                //取得十位
    write_1602com(er+add);    //er 是头文件规定的值 0x80+0x40
    write_1602dat('0'+sw);    //数字+30 得到该数字的 LCD1602 显示码
    write_1602dat('0'+gw);    //数字+30 得到该数字的 LCD1602 显示码
}
//-----------------------------------------
void write_week(uchar week)          //写星期函数
{
    write_1602com(yh+0x0c);   //星期字符的显示位置
```

200

```c
        switch(week)
        {
            case 1:write_1602dat('M');      //星期数为 1 时显示
                write_1602dat('O');
                write_1602dat('N');
                break;
            case 2:write_1602dat('T');      //星期数为 2 时显示
                write_1602dat('U');
                write_1602dat('E');
                break;
            case 3:write_1602dat('W');      //星期数为 3 时显示
                write_1602dat('E');
                write_1602dat('D');
                break;
            case 4:write_1602dat('T');      //星期数为 4 时显示
                write_1602dat('H');
                write_1602dat('U');
                break;
            case 5:write_1602dat('F');      //星期数为 5 时显示
                write_1602dat('R');
                write_1602dat('I');
                break;
            case 6:write_1602dat('S');      //星期数为 6 时显示
                write_1602dat('T');
                write_1602dat('A');
                break;
            case 0:write_1602dat('S');      //星期数为 7 时显示
                write_1602dat('U');
                write_1602dat('N');
                break;
        }
}
// ***************键盘扫描有关函数********************
void keyscan()
{
    if(led1==1)                        //背光暗时,按下任意按键打开背光
    {
        if(seeNL_NZ==0||set==0||add==0||dec==0)||
        led1=0;
    }
    else if(led1==0)
    {
        if(seeNL_NZ==0)
        {
            delay(9);
            if(seeNL_NZ==0)
            {
                led1=0;
                bltime=0;
                if((setn==0)&&(setNZn==0))     //在没有进入调试模式时才可按动
                {
                    buzzer=0;                  //蜂鸣器短响一次
```
201

```
                delay(20);
                buzzer=1;
                if(TR1==1)
                    {
                        TR1=0;
                    }
                else
                    {
                        T_NL_NZ++;
                        if(T_NL_NZ==3)
                        {
                            setn=0;
                            setNZn=0;
                            T_NL_NZ=0;
                        }
                    }
                }
            while(seeNL_NZ==0);
        }
    }
    if(set==0)      //---------------set 为功能键(设置键)---------------
    {
        delay(9);                       //延时,用于消抖
        if(set==0)                      //延时后再次确认按键已经被按下
        {
            led1=0;
            bltime=0;
        buzzer=0;                       //蜂鸣器短响一次
        delay(20);
        buzzer=1;
            while(!set);
            if(T_NL_NZ==0x02)           //证明是对闹钟进行设置
            {
                setNZn++;
                if(setNZn==4)           //闹钟设定成功,退回到正常显示并开启闹钟
                {
                    setNZn=0;
                    setn=0;
                    timerOn=1;
                }
            switch(setNZn)
            {
            case 0:                     //正常显示日期、时间
                write_1602com(0x0c);
                write_1602com(er);      //显示时间固定符号写入位置
                for(a=0;a<16;a++)
                write_1602dat(NZd[a]);  //写显示时间固定符号,两个冒号
                write_sfm(8,nz_shi);    //闹钟时
                write_sfm(11,nz_fen);   //闹钟分
                write_sfm(14,nz_miao);  //闹钟秒
                break;
            case 1:                     //闹钟秒光标闪烁
```

202

```c
            write_1602com(er+15);    //设置按键按动一次,秒位置显示光标
            write_1602com(0x0f);     //设置光标为闪烁
            break;
        case 2:                      //闹钟分光标闪烁
            write_1602com(er+12);    //设置按键按动一次,分位置显示光标
            write_1602com(0x0f);     //设置光标为闪烁
            break;
        case 3:                      //闹钟时光标闪烁
            write_1602com(er+9);     //设置按键按动一次,时位置显示光标
            write_1602com(0x0f);     //设置光标为闪烁
break;
        }
    }
    else                             //证明是对时间及日期进行设置
    {
        if(T_NL_NZ==0)
        {
            setn++;
            if(setn==7)
            setn=0;//设置按键共有秒、分、时、星期、日、月、年、返回8个循环功能
            switch(setn)
            {
        case 1:TR0=0;                //关闭定时器
            write_1602com(er+7);     //设置按键按动一次,秒位置显示光标
            write_1602com(0x0f);     //设置光标为闪烁
            break;
        case 2:
            write_1602com(er+4);     //按两次分位置显示光标
            break;
        case 3:
            write_1602com(er+1);     //按动3次,时
            break;
        case 4:write_1602com(yh+0x0a);    //按动4次,日
            break;
        case 5:write_1602com(yh+0x07);    //按动5次,月
            break;
        case 6:write_1602com(yh+0x04);    //按动6次,年
            break;
        case 0:
            write_1602com(0x0c);     //按动到第7次,设置光标不闪烁
            TR0=1;                   //打开定时器
temp=(miao)/10*16+(miao)%10;
            write_1302(0x8e,0x00);
            write_1302(0x80,0x00|temp);    //秒数据写入DS1302
            write_1302(0x8e,0x80);
            break;
            }
        }
    }
}
//-------------------------加键 add-------------------------
```

```c
        if((setn!=0)&&(setNZn==0))          //当 set 被按下以后,再按以下键才有效
        {
            if(add==0)                      //上调键
            {
                delay(10);
                if(add==0)
                {
                    led1=0;
                    bltime=0;
                    buzzer=0;               //蜂鸣器短响一次
                    delay(20);
                    buzzer=1;
                    while(!add);
                switch(setn)
                {
            case 1:miao++;                  //设置键按动 1 次,调秒
                    if(miao==60)
                    miao=0;                 //秒超过 59,再加 1,就归零
                    write_sfm(0x06,miao);   //令 LCD 在正确位置显示"加"设定好的秒数
                    temp=(miao)/10*16+(miao)%10;//十进制数转换成 DS1302 要求的 BCD 码
                    write_1302(0x8e,0x00);  //允许写,禁止写保护
                    write_1302(0x80,temp);
//向 DS1302 内写秒寄存器 80H,写入调整后的秒数据 BCD 码
                    write_1302(0x8e,0x80);  //打开写保护
                    write_1602com(er+7);
//因为设置液晶的模式是写入数据后,光标自动右移,所以要指定返回
                    break;
            case 2:fen++;
                    if(fen==60)
                    fen=0;
                    write_sfm(0x03,fen);    //令 LCD 在正确位置显示"加"设定好的分数
                    temp=(fen)/10*16+(fen)%10;//十进制数转换成 DS1302 要求的 BCD 码
                    write_1302(0x8e,0x00);  //允许写,禁止写保护
                    write_1302(0x82,temp);  //向 DS1302 内写分寄存器 82H,写入调整后的分
                                            //数据 BCD 码
                    write_1302(0x8e,0x80);  //打开写保护
                    write_1602com(er+4);    //因为设置液晶的模式是写入数据后,指针自动加
                                            //1,在这里写回原来的位置
                    break;
            case 3:shi++;
                    if(shi==24)
                    shi=0;
                    write_sfm(0x00,shi);    //令 LCD 在正确的位置显示"加"设定好的小时数
                    temp=(shi)/10*16+(shi)%10;//十进制数转换成 DS1302 要求的 BCD 码
                    write_1302(0x8e,0x00);          //允许写,禁止写保护
                    write_1302(0x84,temp);
                    write_1302(0x8e,0x80);          //打开写保护
                    write_1602com(er+1);
                    break;
            case 4:ri++;
                    if(ri==32)
                    ri=1;
```

```
                Conver_week(nian,yue,ri);
                write_week(week);
                write_nyr(9,ri);
                temp=(ri)/10*16+(ri)%10;        //十进制数转换成 DS1302 要求的 BCD 码
                write_1302(0x8e,0x00);           //允许写,禁止写保护
                write_1302(0x86,temp);
//向 DS1302 内写日期寄存器 86H,写入调整后的日期数据 BCD 码
                write_1302(0x8e,0x80);           //打开写保护
                write_1602com(yh+10);
//因为设置液晶的模式是写入数据后指针自动加 1,所以需要光标回位
                break;
        ase 5:yue++;
                if(yue==13)
                yue=1;
                Conver_week(nian,yue,ri);
                write_week(week);
                write_nyr(6,yue);         //令 LCD 在正确的位置显示"加"设定好的月份数
                temp=(yue)/10*16+(yue)%10;    //十进制数转换成 DS1302 要求的 BCD 码
                write_1302(0x8e,0x00);           //允许写,禁止写保护
                write_1302(0x88,temp);
//向 DS1302 内写月份寄存器 88H,写入调整后的月份数据 BCD 码
                write_1302(0x8e,0x80);           //打开写保护
                write_1602com(yh+7);
//因为设置液晶的模式是写入数据后指针自动加 1,所以需要光标回位

                break;
        case 6:nian++;
                if(nian==100)
                nian=0;
                Conver_week(nian,yue,ri);
                write_week(week);
                write_nyr(3,nian);
//令 LCD 在正确的位置显示"加"设定好的年份数
                temp=(nian)/10×16+(nian)%10;
//十进制数转换成 DS1302 要求的 BCD 码
                write_1302(0x8e,0x00);        //允许写,禁止写保护
                write_1302(0x8c,temp);
//向 DS1302 内写年份寄存器 8CH,写入调整后的年份数据 BCD 码
                write_1302(0x8e,0x80);        //打开写保护
                write_1602com(yh+4);
//因为设置液晶的模式是写入数据后指针自动加 1,所以需要光标回位
                break;
                }
            }
        }
    //-----------------减键 dec,各句功能参照"加键"注释--------------
    if(dec==0)
    {
        delay(10);                        //调延时,消抖动
        if(dec==0)
        {
            led1=0;
```

205

```
                    bltime = 0;
                buzzer = 0;                              //蜂鸣器短响一次
                    delay(20);
                    buzzer = 1;
                    while(!dec);
                    switch(setn)
                    {
            case 1:
                    miao--;
                    if(miao == -1)
                    miao = 59;                            //秒数据减到-1 时自动变成 59
                    write_sfm(0x06,miao);                //在 LCD 的正确位置显示改变后新的秒数
                    temp = (miao)/10 * 16+(miao)%10;//十进制数转换成 DS1302 要求的 BCD 码
                    write_1302(0x8e,0x00);               //允许写,禁止写保护
                    write_1302(0x80,temp);
//向 DS1302 内写秒寄存器 80H,写入调整后的秒数据 BCD 码
                    write_1302(0x8e,0x80);               //打开写保护
                    write_1602com(er+7);
//设置液晶的模式是写入数据后指针自动加 1,在这里是写回原来的位置
                    break;
            case 2:
                    fen--;
                    if(fen == -1)
                    fen = 59;
                    write_sfm(3,fen);
                    temp = (fen)/10 * 16+(fen)%10;//十进制数转换成 DS1302 要求的 BCD 码
                    write_1302(0x8e,0x00);//允许写,禁止写保护
                    write_1302(0x82,temp);//向 DS1302 内写分寄存器 82H,写入调整后的分数
                                          据 BCD 码
                    write_1302(0x8e,0x80);//打开写保护
                    write_1602com(er+4);//因为设置液晶的模式是写入数据后,指针自动加 1,
                                          在这里是写回原来的位置
                    break;
            case 3:
                    shi--;
                    if(shi == -1)
                    shi = 23;
                    write_sfm(0,shi);
                    temp = (shi)/10 * 16+(shi)%10;//十进制数转换成 DS1302 要求的 BCD 码
                    write_1302(0x8e,0x00);//允许写,禁止写保护
                    write_1302(0x84,temp);//向 DS1302 内写小时寄存器 84H,写入调整后的小
                                          时数据 BCD 码
                    write_1302(0x8e,0x80);//打开写保护
                    write_1602com(er+1);//因为设置液晶的模式是写入数据后,指针自动加 1,
                                          所以需要光标回位
                    break;
            case 4:
                    ri--;
                    if(ri == 0)
                    ri = 31;
                    Conver_week(nian,yue,ri);
                    write_week(week);
```

```c
                write_nyr(9,ri);
                temp=(ri)/10*16+(ri)%10;//十进制数转换成 DS1302 要求的 BCD 码
                write_1302(0x8e,0x00);//允许写,禁止写保护
            write_1302(0x86,temp);//向 DS1302 内写日期寄存器 86H,写入调整后的日期数
                                    据 BCD 码
                write_1302(0x8e,0x80);//打开写保护
                write_1602com(yh+10);//因为设置液晶的模式是写入数据后,指针自动加
                                    1,所以光标需要回位
                break;
        case 5:
                yue--;
                if(yue==0)
                yue=12;
                Conver_week(nian,yue,ri);
                write_week(week);
                write_nyr(6,yue);
                temp=(yue)/10*16+(yue)%10;//十进制数转换成 DS1302 要求的 BCD 码
                write_1302(0x8e,0x00);            //允许写,禁止写保护
                    write_1302(0x88,temp);        //向 DS1302 内写月份寄存器 88H,写入调
                                    整后的月份数据 BCD 码
                    write_1302(0x8e,0x80);//打开写保护
                    write_1602com(yh+7);//因为设置液晶的模式是写入数据后,指针自动
                                    加 1,所以需要光标回位
                    break;
        case 6:
                nian--;
                if(nian==-1)
                nian=99;
                Conver_week(nian,yue,ri);
                write_week(week);
                write_nyr(3,nian);
                temp=(nian)/10*16+(nian)%10;//十进制数转换成 DS1302 要求的 BCD 码
                write_1302(0x8e,0x00);//允许写,禁止写保护
                write_1302(0x8c,temp);//向 DS1302 内写年份寄存器 8CH,写入调整后的年
                                    份数据 BCD 码
                write_1302(0x8e,0x80);//打开写保护
                write_1602com(yh+4);//因为设置液晶的模式是写入数据后,指针自动加 1,
                                    所以光标需要回位
                break;
            }
        }
    }
}
if((setNZn!=0)&&(setn==0))
{
    if(add==0)                        //上调键
    {
        delay(10);
        if(add==0)
        {
            led1=0;
            bltime=0;
```

207

```
            buzzer = 0;                        //蜂鸣器短响 1 次
            delay(20);
            buzzer = 1;
            while(!add);
            switch(setNZn)
            {
            case 1:
                nz_miao++;                     //设置键按动 1 次,调秒
                if(nz_miao == 60)
                nz_miao = 0;                   //秒超过 59,再加 1,归零
                write_sfm(14, nz_miao);//令 LCD 在正确位置显示"加"设定好的秒数据
                write_1602com(er+15);//因为设置液晶的模式是写入数据后,光标自动
                                            右移,所以要指定返回
                break;
            case 2:
                nz_fen++;
                if(nz_fen == 60)
                nz_fen = 0;
                write_sfm(11, nz_fen);//令 LCD 在正确位置显示"加"设定好的分数据
                write_1602com(er+12);//因为设置液晶的模式是写入数据后,指针自动
                                        加 1,在这里是写回原来的位置
                break;
            case 3:
                nz_shi++;
                if(nz_shi == 24)
                nz_shi = 0;
                write_sfm(8, nz_shi);  //令 LCD 在正确的位置显示"加"设定好的小时
                                        数据
                write_1602com(er+9);//因为设置液晶的模式是写入数据后,指针自动
                                        加 1,所以需要光标回位
                break;
            }
        }
    }
//------------------减键 dec,各句功能参照"加键"注释---------------
if(dec == 0)
{
    delay(10);                        //调延时,消抖动              .
    if(dec == 0)
    {
        led1 = 0;
        bltime = 0;
    buzzer = 0;                       //蜂鸣器短响一次
        delay(20);
        buzzer = 1;
        while(!dec);
        switch(setNZn)
        {
            case 1:
                nz_miao--;
                if(nz_miao == -1)
                nz_miao = 59;                   //秒数据减到-1 时自动变成 59
```

208

```
                    write_sfm(14,nz_miao);     //在 LCD 的正确位置显示改变后的新
                                                    秒数
                    write_1602com(er+15);
                    break;
            case 2:
                    nz_fen--;
                    if(nz_fen==-1)
                    nz_fen=59;
                    write_sfm(11,nz_fen);
                    write_1602com(er+12);//因为设置液晶的模式是写入数据后,指针
                                            自动加 1,在这里是写回原来的位置
                    break;
            case 3:
                    nz_shi--;
                    if(nz_shi==-1)
                    nz_shi=23;
                    write_sfm(8,nz_shi);
                    write_1602com(er+9);//因为设置液晶的模式是写入数据后,指针
                                            自动加 1,所以需要光标回位
                    break;

                }
            }
        }
    }
}

//------------------------------
void init(void)        //定时器/计数器设置函数
{
    TMOD=0x11;         //指定定时器/计数器的工作方式为 3
    TH0=0;             //定时器 T0 的高 4 位=0
    TL0=0;             //定时器 T0 的低 4 位=0
    TH1=0x3C;
    TL1=0xB0;
    EA=1;              //系统允许有开放的中断
    ET0=1;             //允许 T0 中断
    ET1=1;
    IT1=1;
    IT0=0;
    TR0=1;             //开启中断,启动定时器
    TR1=0;
}
void alarm(void)
{
    if((shi==nz_shi)&&(fen==nz_fen)&&(miao==0))
    {
        TR1=1;
    }
    if((shi==nz_shi)&&(fen==(nz_fen+1)))
    {
        TR1=0;
```

209

```
            buzzer = 1;
        }
}
void ZD_baoshi(void)
{
    buzzer = 0;
    delay(5);
    buzzer = 1;
    bsn++;
    if(bsn == temp_hour)
    {
        baoshi = 0;
    }
}
// ***************** 主函数 **************************
void main()
{
    P1 = 0xff;
    flag = ReadTemperature() - 5;
    flag = ReadTemperature() - 5;
    flag = ReadTemperature() - 5;
    flag = ReadTemperature() - 5;
    flag = ReadTemperature() - 5;
    lcd_init();              //调用液晶屏初始化子函数
    ds1302_init();           //调用 DS1302 的初始化子函数
    init();                  //调用定时器/计数器的设置子函数
    led1 = 0;                //打开 LCD 的背光电源
    buzzer = 0;              //蜂鸣器长响一次
    delay(100);
    buzzer = 1;
    while(1)                 //无限循环下面的语句
    {
        keyscan();           //调用键盘扫描子函数
        led = led1;
        if(timerOn == 1)
            alarm();         //闹钟输出
        if((fen == 0)&&(miao == 0))
        {
            if(shi > 12)
                temp_hour = shi - 12;
            else
            {
                if(shi == 0)
                    temp_hour = 12;
                else
                    temp_hour = shi;
            }
            shangyimiao = miao;
            baoshi = 1;
        }
        if(baoshi == 1)
        {
```

210

```
                ZD_baoshi();
                do
                keyscan();
                while(shangyimiao==miao);
                shangyimiao=miao;
            }
        }
}
void timer0()interrupt 1              //取得并显示日历和时间
{
    miao=BCD_Decimal(read_1302(0x81));
    fen=BCD_Decimal(read_1302(0x83));
    shi=BCD_Decimal(read_1302(0x85));
    ri=BCD_Decimal(read_1302(0x87));
    yue=BCD_Decimal(read_1302(0x89));
    nian=BCD_Decimal(read_1302(0x8d));
    if((led1==0))
    {
        if(temp_miao!=miao)
        {
            temp_miao=miao;
            bltime++;
        }
        if(bltime==10)
        {
            led1=1;
            bltime=0;
        }
    }
    if(T_NL_NZ==1)                    //显示农历
    {
        uint nian_temp,temp;
        temp=nian;
        nian_temp=2000+(temp&0xF0)*10+temp&0x0F;
        if((nian_temp%400==0)||((nian_temp%100!=0)&&(nian_temp%4==0)))
                                      //判断是否为闰年
            p_r=1;
        else
            p_r=0;
        Conversion(0,nian,yue,ri);
        write_1602com(er);            //时间显示固定符号写入位置
        for(a=0;a<16;a++)
        {
            if(p_r==0)
                write_1602dat(nlp[a]); //写显示时间固定符号,两个冒号
            else
                write_1602dat(nlr[a]);
        }
        write_nl(3,year_moon);        //农历年
        write_nl(6,month_moon);       //农历月
        write_nl(9,day_moon);         //农历日
        do
```

211

```
        keyscan( );
        while( T_NL_NZ = = 1) ;
        write_1602com( er) ;               //时间显示固定符号写入位置,从第 2 个位置后开始
                                               显示
        for( a = 0;a<16;a++)
        {
            write_1602dat( qk[a]) ;        //写显示时间固定符号,两个冒号
        }
        write_1602com( er) ;               //时间显示固定符号写入位置,从第 2 个位置后开始
                                               显示
        for( a = 0;a<8;a++)
        {
            write_1602dat( tab2[a]) ;      //写显示时间固定符号,两个冒号
        }
    }
    if( T_NL_NZ = = 2)                     //显示闹钟时间
    {
        write_1602com( er) ;               //时间显示固定符号写入位置
        for( a = 0;a<16;a++)
        write_1602dat( NZd[a]) ;           //写显示时间固定符号,两个冒号
        write_sfm( 8,nz_shi) ;             //农历年
        write_sfm( 11,nz_fen) ;            //农历月
        write_sfm( 14,nz_miao) ;           //农历日
        do
        keyscan( ) ;
        while( T_NL_NZ = = 2) ;
        write_1602com( er) ;               //时间显示固定符号写入位置,从第 2 个位置后开始
                                               显示
        for( a = 0;a<16;a++)
        {
            write_1602dat( qk[a]) ;        //写显示时间固定符号,两个冒号
        }
        write_1602com( er) ;               //时间显示固定符号写入位置,从第 2 个位置后开始
                                               显示
        for( a = 0;a<8;a++)
        {
            write_1602dat( tab2[a]) ;      //写显示时间固定符号,两个冒号
        }
    }
    else
    {
    //显示温度、秒、时、分数据
    if( wd)
    {
        flag = ReadTemperature( )-5;
        write_temp( 10,flag) ;             //显示温度,从第 2 行第 12 个字符后开始显示
    }
    else
    {
        write_1602com( er+12) ;
        for( a = 0;a<4;a++)
        {
```

```
                    write_1602dat(tm[a]);
                }
            }
            write_sfm(6,miao);          //秒,从第2行第8个字符后开始显示(调用时、分、秒、
                                        //  显示子函数)
            write_sfm(3,fen);           //分,从第2行第5个字符后开始显示
            write_sfm(0,shi);           //小时,从第2行第2个字符后开始显示
        }
        //显示日、月、年数据
        write_nyr(9,ri);                //日期,从第2行第9个字符后开始显示
        write_nyr(6,yue);               //月份,从第2行第6个字符后开始显示
        write_nyr(3,nian);              //年,从第2行第3个字符后开始显示
        Conver_week(nian,yue,ri);
        write_week(week);
    }
    unsigned char count1;
    void timer1() interrupt 3           //取得并显示日历和时间
    {
        TH1=0x3C;
        TL1=0xB0;
        TR1=1;
        count1++;
        if(count1==10)
        {
            count1=0;
            buzzer=!buzzer;
        }
    }
```

电路原理图

多功能万年历电路原理图如图 17-9 所示。

调试与仿真

多功能万年历系统仿真如图 17-10 所示。

当进行系统仿真时,液晶显示屏仿真结果如图 17-10 所示,显示年、月、日、时、分、秒、星期和温度。

按键仿真如图 17-11 所示。按下功能按键,使其指示在 2016 的最后一位 6,连续按下增大按键三次,可以看到当前年月显示在 2019-09-23 MON,通过手动查看日历,确定为周一,显示结果准确无误。

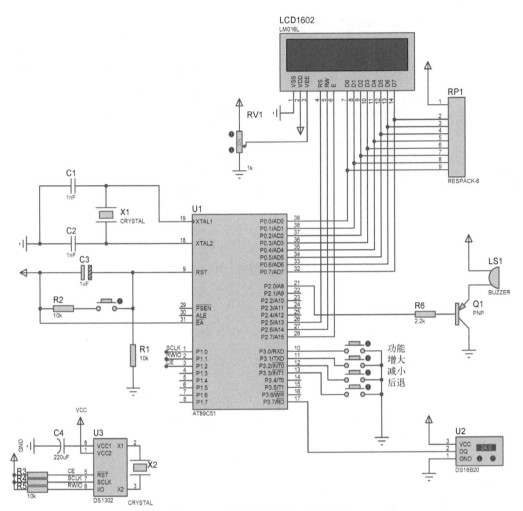

图 17-9　多功能万年历电路原理图

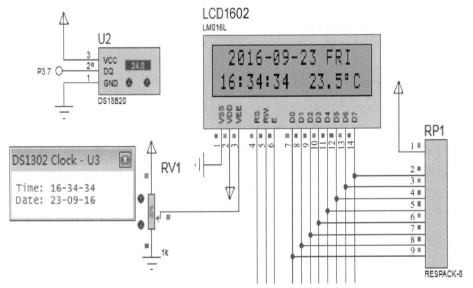

图 17-10　多功能万年历系统仿真图

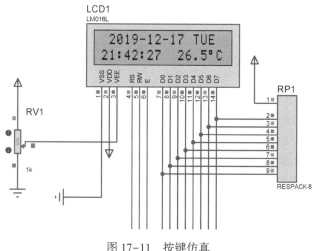

图 17-11 按键仿真

PCB 版图

多功能万年历 PCB 版图如图 17-12 所示。

实物测试

多功能万年历实物图如图 17-13 所示。

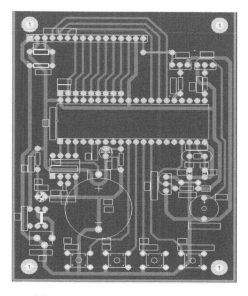

图 17-12 多功能万年历 PCB 版图

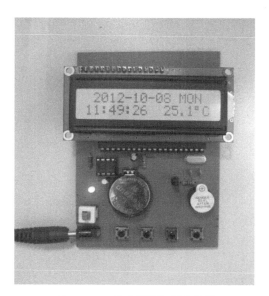

图 17-13 多功能万年历实物图

215

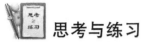 **思考与练习**

(1) 按键控制模块的设计有几种方案？

答：方案一：采用矩阵键盘，由于按键多可实现数值的直接输入，但在系统中需要 CPU 不间断地对其端口扫描。

方案二：采用独立按键，查询简单，程序处理简单，可节省 CPU 资源。

因系统中所需按键不多，为了释放更多的 CPU 占有时间，使操作更方便，故采用方案二。

(2) 温度采集模块还有其他设计方案吗？

答：采用温度传感器（如热敏电阻或 AD590），再经 A/D 转换得到数字信号，精度较高，但价格昂贵，电路较复杂。

 特别提醒

(1) 在设计印制电路板时，晶体和电容应尽可能安装在单片机附近，以减小寄生电容，保证振荡器稳定和可靠地工作。为了提高稳定性，应采用 NPO 电容。

(2) 焊接 PCB 前，先检查 PCB 有无短路现象，一般要看电源线和地线有无短路，信号线和电源线、信号线和地线有无短路。

项目 18　交通灯电路设计

设计任务

设计一个十字路口的模拟交通灯系统。

基本要求

☺ 东西路口红灯亮，南北路口绿灯亮，同时开始 25s 倒计时，以 7 段数码管显示时间。

☺ 计时到最后 5s 时，南北路口的绿灯闪烁，计时到最后 2s 时，南北路口黄灯亮。

☺ 25s 结束后，南北路口红灯亮，东西路口绿灯亮，并重新进行 25s 倒计时，依次循环。

总体思路

本次设计主要由 AT80C51 单片机内部定时器定时，并由计数器计数，将时间显示在数码管上，计数到相应的时间后单片机输出相应的控制信号控制对应的 LED 灯亮或闪烁。

系统组成

交通灯电路主要分为 3 部分。

☺ 第一部分为 LED 灯控制电路：模拟十字路口交通灯的亮灭情况。

☺ 第二部分为数码管显示电路：将十字路口交通灯的倒计时情况显示出来。

☺ 第三部分为单片机处理电路：根据片内计时驱动数码管显示相应的时间，并且控制红、绿、黄灯的亮灭。

系统方案的模块框图如图 18-1 所示。

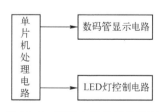

图 18-1　系统方案的模块框图

模块详解

1. LED 灯控制电路

LED 灯控制电路如图 18-2 所示。东西、南北方向各有 3 路红、绿、黄灯,方便单片机控制每一路的导通。每一路由两个发光二极管串联再串联反相器组成,当单片机控制相应的 I/O 口为高电平时,这一路的发光二极管将全部亮。在相应的时刻,单片机给相应的 I/O 口输出相应的高电平,即可点亮相应颜色的发光二极管。

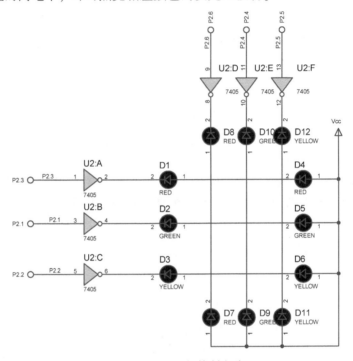

图 18-2　LED 灯控制电路

2. 数码管显示电路

数码管显示电路由 4 片 74LS164 和 4 个一位共阴数码管组成。74LS164 的引脚图如图 18-3 所示。74LS164 是 8 位边沿触发式移位寄存器,串行输入数据,然后并行输出。数据通过两个输入端 1 号和 2 号引脚(DSA 或 DSB)之一串行输入;任意输入端可以用作高电平使能端,控制另一输入端的数据输入。本设计将两个输入端连接在一起。时钟(Cl_)每次由低变高时,数据右移 1 位,输入到 Q0。Q0 是两个数据输入端(DSA 和 DSB)的逻辑与,它将在上升时钟沿之前保持一个建立时间的长度。主复位

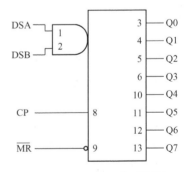

图 18-3　74LS164 的引脚图

($\overline{\text{MR}}$)输入端上的一个低电平将使其他所有输入端都无效,非同步地清除寄存器,强制

所有输出为低电平。本设计中 4 片 74LS164 由单片机的 P3.3 提供同步时钟，第一片的数据输入由 DIN 输入串行数据，之后每一片的数据输入均由前一片的末位数据输出来控制芯片的数据输入。每一片 74LS164 的数据输出驱动数码管的段选信号。数码管驱动电路如图 18-4 所示。

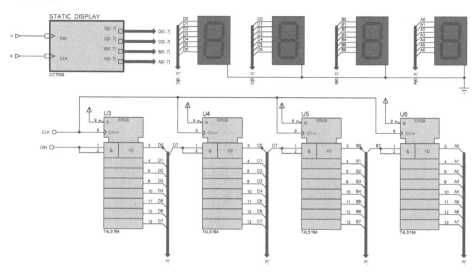

图 18-4　数码管驱动电路

3. 单片机处理电路

单片机外围硬件电路包括晶振电路和复位电路。复位电路采用上拉电解电容上电复位电路。本设计采用的是 HMOS 型 MCS-51 的振荡电路，当外接晶振时，C1 和 C2 值通常选择 30pF。在设计印制电路板时，晶体和电容应尽可能安装在单片机附近，以减小寄生电容，保证振荡器稳定和可靠工作。单片机晶振采用 12MHz。

单片机工作时，判断内部计时是否达到相应的时间，然后控制 LED 灯控制电路成为相应的状态。例如，状态 1，东西路口绿灯亮，南北路口红灯亮时，单片机将 P2.6 和 P2.1 置 1，同时驱动 74LS164 在相应的数码管上显示倒计时。图 18-5 为单片机外围电路。

 程序设计

交通灯电路程序流程图如图 18-6 所示。

汇编语言程序源代码

SECOND1	EQU	30H	;东西路口计时寄存器
SECOND2	EQU	31H	;南北路口计时寄存器
DBUF	EQU	40H	;显示码缓冲区 1
TEMP	EQU	44H	;显示码缓冲区 2
LED_G1	BIT	P2.1	;东西路口绿灯
LED_Y1	BIT	P2.2	;东西路口黄灯
LED_R1	BIT	P2.3	;东西路口红灯

219

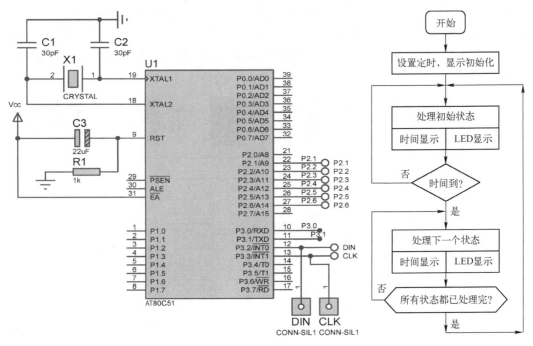

图 18-5　单片机外围电路　　　　　　　图 18-6　交通灯电路程序流程图

LED_G2	BIT	P2.4	;南北路口绿灯
LED_Y2	BIT	P2.5	;南北路口黄灯
LED_R2	BIT	P2.6	;南北路口红灯
	ORG	0000H	
	LJMP	START	
	ORG	0100H	
START:	MOV	TMOD,#01H	;置 T0 为工作方式 1
	MOV	TH0,#3CH	;置 T0 的定时初值为 50ms
	MOV	TL0,#0B0H	
	CLR	TF0	
	SETB	TR0	;启动 T0
	CLR	A	
	MOV	P1,A	;关闭不相关的 LED
;**
LOOP:	MOV	R2,#20	;置 1s 计数初值,50ms * 20 = 1s
	MOV	R3,#20	;红灯亮 20s
	MOV	SECOND1,#25	;东西路口计时显示初值 25s
	MOV	SECOND2,#25	;南北路口计时显示初值 25s
	LCALL	DISPLAY	
	LCALL	STATE1	;调用状态 1
WAIT1:	JNB	TF0,WAIT1	;查询 50ms 到否
	CLR	TF0	
	MOV	TH0,#3CH	;恢复 T0 的定时初值 50ms
	MOV	TL0,#0B0H	
	DJNZ	R2,WAIT1	;判断 1s 到否？未到继续状态 1
	MOV	R2,#20	;置 50ms 计数初值
	DEC	SECOND1	;东西路口显示时间减 1s
	DEC	SECOND2	;南北路口显示时间减 1s

220

```
            LCALL   DISPLAY
            DJNZ    R3,WAIT1        ;状态 1 维持 20s
;***********************************************
            MOV     R2,#5           ;置 50ms 计数初值 5×4＝20
            MOV     R3,#3           ;绿灯闪 3s
            MOV     R4,#4           ;闪烁间隔 200ms
            MOV     SECOND1,#5      ;东西路口计时显示初值 5s
            MOV     SECOND2,#5      ;南北路口计时显示初值 5s
            LCALL   DISPLAY
WAIT2:      LCALL   STATE2          ;调用状态 2
            JNB     TF0,WAIT2       ;查询 50ms 到否
            CLR     TF0
            MOV     TH0,#3CH        ;恢复 T0 的定时初值 50ms
            MOV     TL0,#0B0H
            DJNZ    R4,WAIT2        ;判断 200ms 到否？未到继续状态 2
            CPLL    ED_G1           ;东西绿灯闪
            MOV     R4,#4           ;闪烁间隔 200ms
            DJNZ    R2,WAIT2        ;判断 1s 到否？未到继续状态 2
            MOV     R2,#5           ;置 50ms 计数初值
            DEC     SECOND1         ;东西路口显示时间减 1s
            DEC     SECOND2         ;南北路口显示时间减 1s
            LCALL   DISPLAY
            DJNZ    R3,WAIT2        ;状态 2 维持 3s
;***********************************************
            MOV     R2,#20          ;置 50ms 计数初值
            MOV     R3,#2           ;黄灯闪 2s
            MOV     SECOND1,#2      ;东西路口计时显示初值 2s
            MOV     SECOND2,#2      ;南北路口计时显示初值 2s
            LCALL   DISPLAY
WAIT3:      LCALL   STATE3          ;调用状态 3
            JNB     TF0,WAIT3       ;查询 100ms 到否
            CLR     TF0
            MOV     TH0,#3CH        ;恢复 T0 的定时初值 100ms
            MOV     TL0,#0B0H
            DJNZ    R2,WAIT3        ;判断 1s 到否？未到继续状态 3
            MOV     R2,#20          ;置 100ms 计数初值
            DEC     SECOND1         ;东西路口显示时间减 1s
            DEC     SECOND2         ;南北路口显示时间减 1s
            LCALL   DISPLAY
            DJNZ    R3,WAIT3        ;状态 3 维持 2s
;***********************************************
            MOV     R2,#20          ;置 50ms 计数初值
            MOV     R3,#20          ;红灯闪 20s
            MOV     SECOND1,#25     ;东西路口计时显示初值 25s
            MOV     SECOND2,#25     ;南北路口计时显示初值 25s
            LCALL   DISPLAY
WAIT4:      LCALL   STATE4          ;调用状态 4
            JNB     TF0,WAIT4       ;查询 100ms 到否
            CLR     TF0
            MOV     TH0,#3CH        ;恢复 T0 的定时初值 100ms
            MOV     TL0,#0B0H
            DJNZ    R2,WAIT4        ;判断 1s 到否？未到继续状态 4
```

```
            MOV      R2,#20              ;置 100ms 计数初值
            DEC      SECOND1             ;东西路口显示时间减 1s
            DEC      SECOND2             ;南北路口显示时间减 1s
            LCALL    DISPLAY
            DJNZ     R3,WAIT4            ;状态 4 维持 20s
;**************************************
            MOV      R2,#5               ;置 50ms 计数初值
            MOV      R4,#4               ;红灯闪 20ms
            MOV      R3,#3               ;绿灯闪 3s
            MOV      SECOND1,#5          ;东西路口计时显示初值 5s
            MOV      SECOND2,#5          ;南北路口计时显示初值 5s
            LCALL    DISPLAY
WAIT5：     LCALL    STATE5              ;调用状态 5
            JNB      TF0,WAIT5           ;查询 100ms 到否
            CLR      TF0
            MOV      TH0,#3CH            ;恢复 T0 的定时初值 100ms
            MOV      TL0,#0B0H
            DJNZ     R4,WAIT5            ;判断 200ms 到否？未到继续状态 5
            CPLL     ED_G2               ;南北绿灯闪
            MOV      R4,#4               ;闪烁 200ms
            DJNZ     R2,WAIT5            ;判断 1s 到否？未到继续状态 5
            MOV      R2,#5               ;置 100ms 计数初值
            DEC      SECOND1             ;东西路口显示时间减 1s
            DEC      SECOND2             ;南北路口显示时间减 1s
            LCALL    DISPLAY
            DJNZ     R3,WAIT5            ;状态 5 维持 3s
;**************************************
            MOV      R2,#20              ;置 50ms 计数初值
            MOV      R3,#2               ;红灯闪 2s
            MOV      SECOND1,#2          ;东西路口计时显示初值 2s
            MOV      SECOND2,#2          ;南北路口计时显示初值 2s
            LCALL    DISPLAY
WAIT6：     LCALL    STATE6              ;调用状态 6
            JNB      TF0,WAIT6           ;查询 100ms 到否
            CLR      TF0
            MOV      TH0,#3CH            ;恢复 T0 的定时初值 100ms
            MOV      TL0,#0B0H
            DJNZ     R2,WAIT6            ;判断 1s 到否？未到继续状态 6
            MOV      R2,#20              ;置 100ms 计数初值
            DEC      SECOND1             ;东西路口显示时间减 1s
            DEC      SECOND2             ;南北路口显示时间减 1s
            LCALL    DISPLAY
            DJNZ     R3,WAIT6            ;状态 6 维持 2s
            LJMP     LOOP                ;大循环
;**************************************
STATE1：                                ;状态 1
            SETB     LED_G1              ;东西路口绿灯亮
            CLR      LED_Y1
            CLR      LED_R1
            CLR      LED_G2
            CLR      LED_Y2
            SETB     LED_R2              ;南北路口红灯亮
```

```
                RET
STATE2：                                 ;状态 2
                CLR     LED_Y1
                CLR     LED_R1
                CLR     LED_G2
                CLR     LED_Y2
                SETB    LED_R2          ;南北路口红灯亮
                RET
STATE3：                                 ;状态 3
                CLR     LED_G1
                CLR     LED_R1
                CLR     LED_G2
                CLR     LED_Y2
                SETB    LED_R2          ;南北路口红灯亮
                SETB    LED_Y1          ;东西路口绿灯亮
                RET
STATE4：                                 ;状态 4
                CLR     LED_G1
                CLR     LED_Y1
                SETB    LED_R1          ;东西路口红灯亮
                SETB    LED_G2          ;南北路口绿灯亮
                CLR     LED_Y2
                CLR     LED_R2
                RET
STATE5：                                 ;状态 5
                CLR     LED_G1
                CLR     LED_Y1
                SETB    LED_R1          ;东西路口红灯亮
                CLR     LED_Y2
                CLR     LED_R2
                RET
STATE6：                                 ;状态 6
                CLR     LED_G1
                CLR     LED_Y1
                SETB    LED_R1          ;东西路口红灯亮
                CLR     LED_G2
                CLR     LED_R2
                SETB    LED_Y2          ;南北路口红灯亮
                RET
DISPLAY：                                ;数码显示
                MOV     A,SECOND1       ;东西路口计时寄存器
                MOV     B,#10           ;十六进制数拆成两个十进制数
                DIV     AB
                MOV     DBUF+3,A
                MOV     A,B
                MOV     DBUF+2,A
                MOV     A,SECOND2       ;南北路口计时寄存器
                MOV     B,#10           ;十六进制数拆成两个十进制数
                DIV     AB
                MOV     DBUF+1,A
                MOV     A,B
                MOV     DBUF,A
```

223

```
            MOV     R0,#DBUF
            MOV     R1,#TEMP
            MOV     R7,#4
DP10：       MOV     DPTR,#LEDMAP
            MOV     A,@R0
            MOV     CA,@A+DPTR
            MOV     @R1,A
            INC     R0
            INC     R1
            DJNZ    R7,DP10
            MOV     R0,#TEMP
            MOV     R1,#4
DP12：       MOV     R7,#8
            MOV     A,@R0
DP13：       RLC     A
            MOV     P3.2,C
            CLR     P3.3
            SETB    P3.3
            DJNZ    R7,DP13
            INC     R0
            DJNZ    R1,DP12
            RET
LEDMAP：
            DB      3FH,06H,5BH,4FH,66H,6DH        ;0,1,2,3,4,5
            DB      7DH,07H,7FH,6FH,77H,7CH        ;6,7,8,9,A,B
            DB      58H,5EH,7BH,71H,0,40H          ;C,D,E,F,,-
            END
```

电路原理图

交通灯电路原理图如图 18-7 所示。

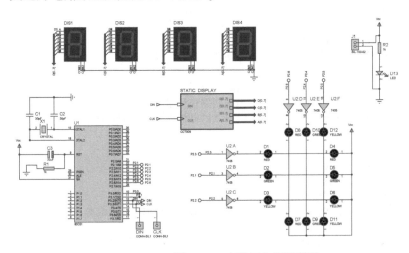

图 18-7　交通灯电路原理图

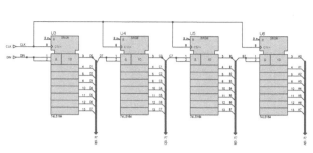
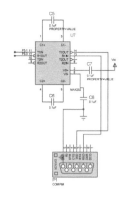

图 18-7　交通灯电路原理图（续）

 调试与仿真

电路仿真结果分析：如图 18-8 所示，上电时，数码管显示从 25s 开始倒计时，南北路口绿灯亮，东西路口红灯亮；计时到最后 5s 时，南北路口的绿灯闪烁；如图 18-9 所示，计时到最后 2s 时，南北路口黄灯亮；如图 18-10 所示，25s 结束后，南北路口红灯亮，东西路口绿灯亮，并重新开始 25s 倒计时，模拟一个周期交通灯的变化情况，以此循环。

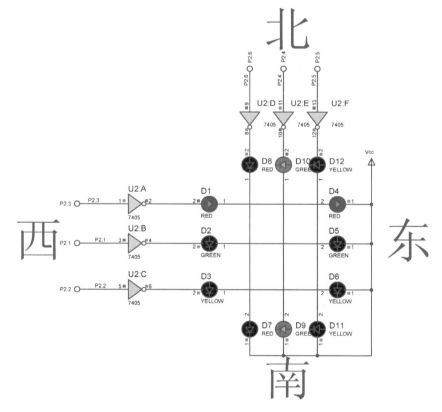

图 18-8　南北路口绿灯亮

225

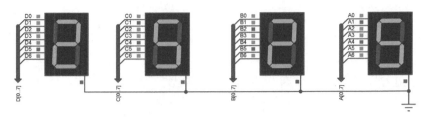

图 18-8　南北路口绿灯亮（续）

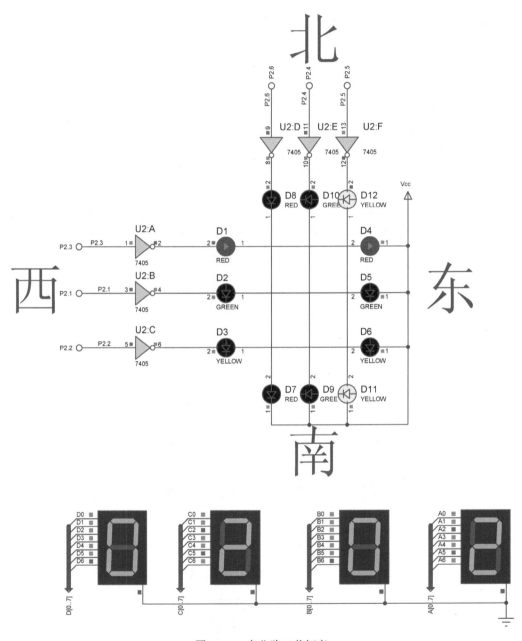

图 18-9　南北路口黄灯亮

226

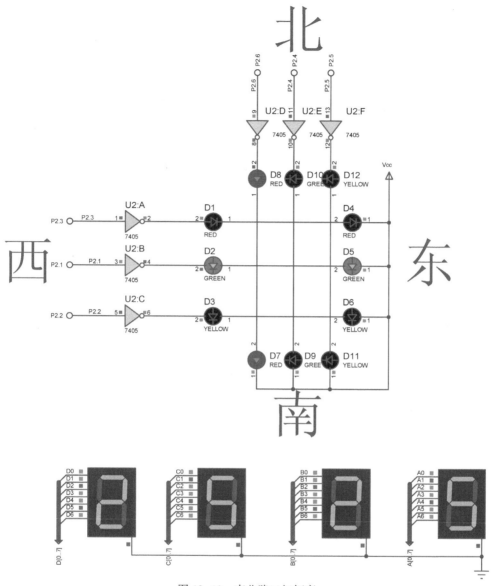

图 18-10　南北路口红灯亮

 PCB 版图

交通灯电路的 PCB 版图如图 18-11 所示。

 实物测试

交通灯电路的实物照片如图 18-12 所示。

227

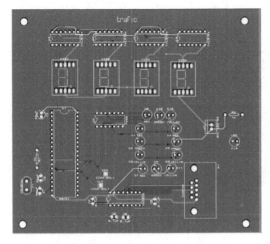
图 18-11　交通灯电路的 PCB 版图

图 18-12　交通灯电路的实物照片

 思考与练习

（1）本设计中单片机的时钟信号是怎样产生的？

答：在单片机的引脚 XTAL1 和引脚 XTAL2 外接晶体振荡器（简称晶振）就构成了内部振荡方式。由于单片机内部有一个高增益反相放大器，外接晶振后，就构成了自激振荡器，并产生了振荡时钟脉冲。

（2）本设计中单片机的定时器/计数器工作在哪种方式？

答：本次设计采用方式 1，即计数寄存器的位数是 16 位，由 THx 和 TLx 寄存器各提供 8 位计数初值。

（3）怎样实现单片机定时器/计数器工作在方式 1？

答：通过设置寄存器 TMOD 为 01H。

特别提醒

（1）在设计印制电路板时，晶体和电容应尽可能安装在单片机附近，以减小寄生电容，保证振荡器稳定和可靠工作。为了提高稳定性，应采用 NPO 电容。

（2）焊接 PCB 前，先检查 PCB 有无短路现象，一般要看电源线和地线有无短路，信号线和电源线、信号线和地线有无短路。

（3）焊接 PCB 时，注意电解电容的极性。

项目 19　函数发生器设计

设计任务

利用 AT89C52 单片机产生方波、锯齿波、三角波及正弦波，要求频率可调，幅值可调，并可以在不同的波形之间任意切换。

基本要求

☺ 利用 AT89C52 单片机、DAC0808、ADC0804 设计函数发生器，要求能够产生固定频率、固定幅值的方波、锯齿波和三角波。

☺ 在以上设计基础上，要求能够在程序运行过程中，调节信号的幅值及频率，并且在波形切换过程中，能够给予相应的指示。其中，幅值采用 DAC0808 进行调节，频率的设定部分采用 ADC0804 进行调节。

总体思路

☺ 信号产生：利用 8 位 D/A 转换器 DAC0808，可以将 8 位数字量转换成模拟量输出。数字量输入的范围为 0~255，对应的模拟量输出范围在 VREF−到 VREF+之间。根据这一特性，我们可以利用单片机并行口输出的数字量，产生常用波形。

☺ 幅值调节：当数字量输入为 00H 时，DAC0808 的输出为 VREF−，当输入为 FFH 时，DAC0808 的输出为 VREF+，所以为了调节输出波形的幅值，只要调节 VREF 即可。在 VREF+端串接一个电位器，调节 VREF 的电压，即可达到调节波形幅值的目的。

☺ 频率调节：若要调节信号的频率，只需在单片机输出的两个数据之间加入一定的延时即可。通过调节 ADC0804 输入转换的模拟电压值，从而产生 8 位二进制数作为延时函数，这样的设计可以只使用两个电位器即可控制输出波形的幅值与频率，即可调整输入信号的频率。

☺ 波形切换：利用 4 位 DIP 开关 DSW1 来选择波形，并通过 4 个 LED 进行指示。

系统组成

系统结构图如图 19-1 所示。

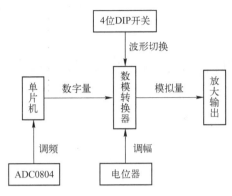

图 19-1 系统结构图

 模块详解

1. 单片机控制电路

对单片机内部进行编程，使其 P0 口输出与产生对应的数字量；P2 口用来接收 ADC0804 的当前输出状态，以确定加入延时常数来改变信号频率；P3.4～P3.7 用来接收 4 位 DIP 开关的当前状态，以确定当前波形，并用 P1.0～P1.3 进行显示，如图 19-2 所示。

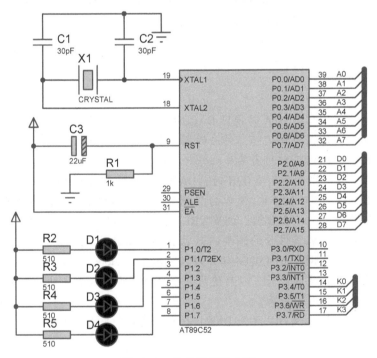

图 19-2 单片机控制电路

2. D/A 转换电路

通过程序令单片机 P0 口输出 8 位数字量，利用 8 位 D/A 转换器 DAC0808，可以将 8

位数字量转换成模拟量输出。数字量输入范围为 0~255，对应的模拟量输出范围在 VREF-到 VREF+ 之间。根据这一特性，可以产生常用的波形。为了调节输出波形的幅值，只要调节 VREF 即可。在 VREF+ 端串接一个电位器，调节 VREF 的电压，即可达到调节波形幅值的目的。D/A 转换电路如图 19-3 所示。

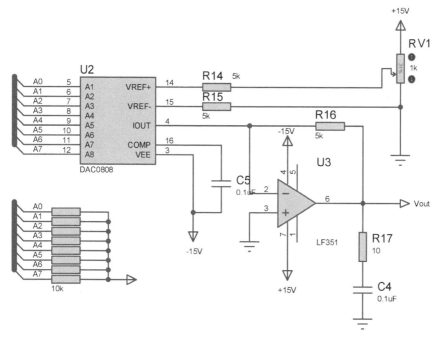

图 19-3　D/A 转换电路

3. 函数频率调节电路

若要调节信号的频率，只需在单片机输出的两个数据之间加入一定的延时即可。函数频率调节电路如图 19-4 所示，在单片机的 P0 口输出一个数字量后，读取 ADC0804 转换后输出的数字量作为延时常数。这样，在程序运行过程中，用 ADC0804 输入 8 位二进制数，即可调整输出函数的频率。

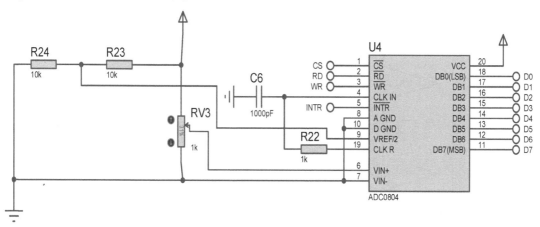

图 19-4　函数频率调节电路

231

4. 波形切换电路

如图 19-5 所示，利用 4 位 DIP 开关 SW2 来选择波形，并通过 4 个 LED 进行指示。

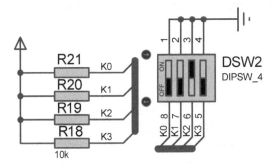

图 19-5　波形切换电路

程序设计

函数发生器程序设计流程图如图 19-6 所示。

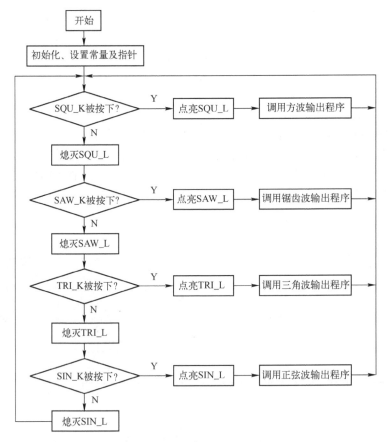

图 19-6　函数发生器程序设计流程图

C 语言程序源代码

```c
#include <reg51.h>
#define uchar unsigned char
#define uint unsigned int
sbit   SQU_K = P3^4;
sbit   SAW_K = P3^5;
sbit   TRI_K = P3^6;
sbit   SIN_K = P3^7;

sbit   SQU_L = P1^0;
sbit   SAW_L = P1^1;
sbit   TRI_L = P1^2;
sbit   SIN_L = P1^3;

sbit      INTad = P3^3;
sbit      CS = P3^0;        //使能端
sbit      W_R = P3^2;       //写端口
sbit      R_D = P3^1;       //读端口

uchar code sin_tab[ ] = {0,0,0,0,1,1,2,3,4,5,6,8,
                         9,11,13,15,17,19,22,24,
                         27,30,33,36,39,42,46,49,
                         53,56,60,64,68,72,76,80,
                         84,88,92,97,101,105,110,114,
                         119,123,128,132,136,141,145,150,
                         154,158,163,167,171,175,179,183,
                         187,191,195,199,202,206,209,213,
                         216,219,222,225,228,231,233,236,
                         238,240,242,244,246,247,249,250,
                         251,252,253,254,254,255,255,255};

// ************************************************************
//延时函数
// ************************************************************
void Delay(uint time)
{
    while(time! = 0)
    {
        uint i;
        for(i = 0;i<100;i++);
        time--;
    }
}
// ************************************************************
//读 ADC0804 程序
// ************************************************************
unsigned char adc0804(void)
{
    uchar dat,i;
```

233

```
        R_D = 1;
        W_R = 1;
        INTad = 1;
        P2 = 0xFF;
        CS = 0;
        W_R = 0;
        W_R = 1;                //启动 ADC0804 开始测量电压
        while(INT1 = = 1);      //查询等待 A/D 转换完毕产生的 INT 信号
        R_D = 0;
        i = i;                  //无意义语句,用于延时等待 ADC0804 读数完毕
        dat = P2;
        R_D = 1;
        CS = 1;                 //读数完毕

        return(dat);            //返回最后读出的数据
}


// ************************************************************
//方波发生函数
// ************************************************************
void square( )
{
    uchar a,b;
    for(a = 0;a<127;a++)
    {
        P0 = 0xff;
        P2 = 0xff;
        b = adc0804( );
        //b = ~ b;
        while(b--);         //调节相位,b 的变化越大,相位变化越小
    }
    for(a = 0;a<127;a++)
    {
        P0 = 0;
        P2 = 0xff;
        b = adc0804( );
        //b = ~ b;
        while(b--);
    }
}


// ************************************************************
//锯齿波发生函数
// ************************************************************
void sawtooth( )
{
    uchar a,b;
    for(a = 0;a<255;a++)
    {
        P0 = a;
```

234

```
            P2 = 0xff;
            b = adc0804( );
            b = ~b;
            while( b-- );
            }
    }


//  ***********************************************
//三角波发生函数
//  ***********************************************
void triang( )
{
    uchar a,b;
    for( a = 0;a < 254;a = a+2)
    {
        P0 = a;
        P2 = 0xff;
        b = adc0804( );
        b = ~b;
        while( b-- );
    }

    for( a;a > 1;a = a-2)
    {
        P0 = a;
        P2 = 0xff;
        b = adc0804( );
        b = ~b;
        while( b-- );
    }
}


//  ***********************************************
//正弦波发生函数
//  ***********************************************
void sinwave( )
{
    uchar a,b;
  for( a = 0;a < 92;a++)
  {
        P0 = sin_tab[ a];
        P2 = 0xff;
        b = adc0804( );
        b = ~b;
        while( b-- );
        }

  for( a = a-1;a > 0;a--)
  {
        P0 = sin_tab[ a];
```

235

```
        P2 = 0xff;
        b = adc0804( );
        b = ~b;
        while( b−− );
        }
    }

// ***********************************************
//主函数
// ***********************************************
void main( )
{
    P1 = 0xff;
    P2 = 0xff;
    P3 = 0xff;
    while( 1 )
    {
    P0 = 0;
        if( SQU_K = = 0)
        {
            SQU_L = 0;
            square( );
        }
        SQU_L = 1;
        if( SAW_K = = 0)
        {
            SAW_L = 0;
            sawtooth( );
        }
        SAW_L = 1;
        if( TRI_K = = 0)
        {
            TRI_L = 0;
            triang( );
        }
        TRI_L = 1;
        if( SIN_K = = 0)
        {
            SIN_L = 0;
            sinwave( );
        }
    SIN_L = 1;
    }
}
```

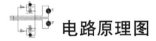 **电路原理图**

函数发生器电路原理图如图 19−7 所示。

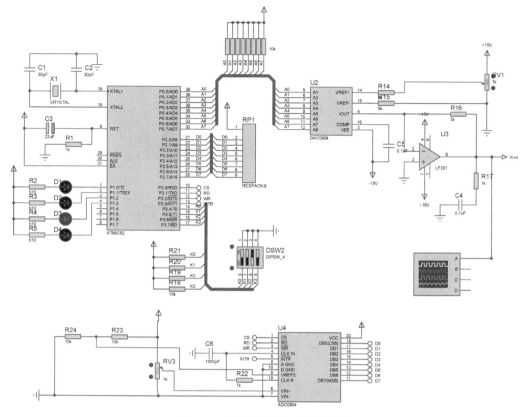

图 19-7 函数发生器电路原理图

 调试与仿真

电路仿真结果分析：仿真结果如图 19-8 所示。上电后，依次测试在示波器上出现正弦波、三角波、方波和锯齿波。调节电位器 RV3 可以调节波形的频率，调节电位器 RV1 可以调节波形的幅值。

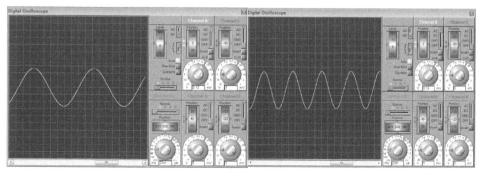

（a）正弦波

图 19-8 仿真结果

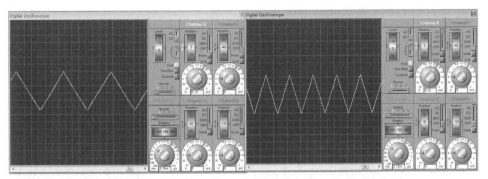

（b）三角波

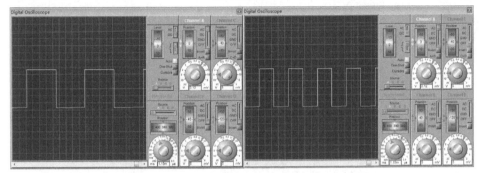

（c）方波

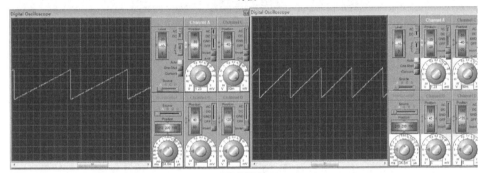

（d）锯齿波

图 19-8　仿真结果（续）

PCB 版图

函数发生器电路板布线图（PCB 版图）如图 19-9 所示。

实物测试

函数发生器实物图如图 19-10 所示。

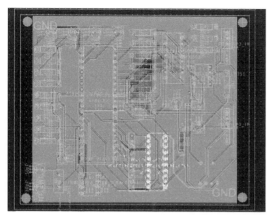

图 19-9　函数发生器电路板布线图　　　　图 19-10　函数发生器实物图

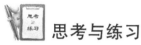 思考与练习

（1）本设计中如何实现函数信号的产生？

答：利用 DAC0808，将单片机 P0 口数字量输出转化为模拟量输出。

（2）本设计中如何调整产生函数信号的幅值？输出信号的幅值主要取决于什么？

答：输出信号的幅值主要取决于 DAC0808 上 VREF+ 到 VREF- 之间的电压；本设计中用电位器调节输出信号幅值。

（3）本设计中如何调整产生函数信号的频率，其工作原理是什么？

答：若要调节信号的频率，只需在单片机输出的两个数据之间加入一定的延时即可。通过调节 ADC0804 输入转换的模拟电压值，从而产生 8 位二进制数作为延时函数，这样的设计可以只使用两个电位器即可控制输出波形的幅值与频率，以及调整输入信号的频率。

 特别提醒

（1）电路元件较多，注意各个引脚的连接及布线。

（2）注意在运算放大器等器件输出口后等各关键位置添加测试点，以便调试。

项目 20　太阳能手机充电器设计

设计任务

太阳能手机充电器是将太阳能转换为电能存储起来的工具。

基本要求

☺ 使用 LM2596 稳压芯片将太阳能电池板输出的电压转换为 5V 的稳定电压，为后续
　 电路供电。
☺ 使用 BQ2057 智能管理芯片完成对手机充电过程的管理，实现对锂电池的供电。

总体思路

　太阳能手机充电器只能应急使用，不能完全依靠它给手机等数码产品充电。太阳能手
机充电器具有携带方便等优点，在野外应用尤其广泛。

系统组成

　太阳能手机充电器主要分为三部分：
☺ 太阳能电池板；
☺ 稳压电路；
☺ 对充电过程进行智能管理。
整个系统方案的模块框图如图 20-1 所示。

图 20-1　整个系统方案的模块框图

 **模块详解**

1. 太阳能电池板的选取

选取 0.5W 的柔性薄膜太阳能电池板。该电池板由三片电池片串联组成，这样可以缩短充电时间，实现对手机的稳定充电。

2. 稳压电路原理

本次设计中使用的直流输入端就是太阳能电池板的输出端。在调节器中，输入电容的电流方均根值约为直流负载电流的 50%，所以输入电容的电流方均根值至少为 1.5A。同时，铝电解电容的耐压值要大于 1.5 倍的输入电压。稳压电路原理图如图 20-2 所示。

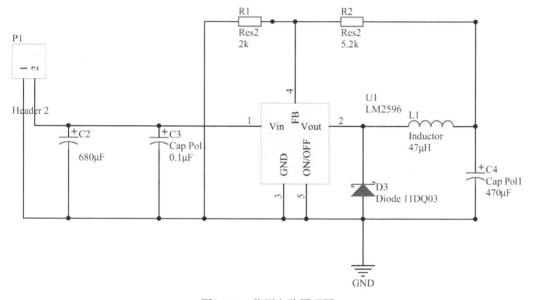

图 20-2　稳压电路原理图

3. 对充电过程进行管理

通过本系统的核心手机智能充电管理电路对手机锂电池充电，即为 4.2V 单节电池充电，这里使用芯片 BQ2057。

手机充电过程分为预充状态、恒流充电和恒压充电 3 个阶段。当电池电压小于 U_{min} 时，用较小电流 I_{pre} 进行预充电；当电池电压大于 U_{min} 且小于 U_{reg} 时，用较大的电流 I_{reg} 进行恒流快速充电；在充电电流减小至 I_{pre} 时，充电完成。充电过程智能管理电路原理图如图 20-3 所示。

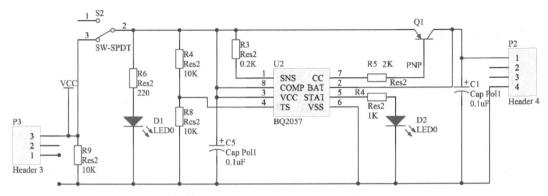

图 20-3　充电过程智能管理电路原理图

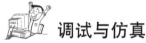 **电路原理图**

太阳能手机充电器总体原理图如图 20-4 所示。

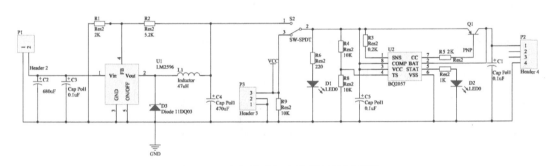

图 20-4　太阳能手机充电器总体原理图

 调试与仿真

实际测量结果分析：给电池充电前，锂电池电压是 3.85V，充电 15min 后，锂电池电压为 3.89V，电压上升了，本次设计满足要求。

PCB 版图

太阳能手机充电器 PCB 版图如图 20-5 所示。

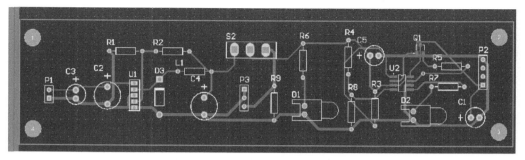

图 20-5　太阳能手机充电器 PCB 版图

 实物测试

太阳能手机充电器设计实物照片如图 20-6 所示。

图 20-6　太阳能手机充电器设计实物照片

 元器件清单

部分元器件清单如表 20-1 所示。

表 20-1　部分元器件清单

序号	名　称	元器件规格	数量	元器件编号
1	LM2596	—	1	U1
2	BQ2057	—	1	U2
3	电阻	2kΩ	1	R1
4	电阻	5.2kΩ	1	R2
5	电阻	10kΩ	3	R3、R4、R5
6	电感	47μH	1	L1
7	发光二极管	—	1	D1
8	稳压二极管	—	1	D3
9	电容	0.1μF	3	C1、C3、C5
10	电容	470μF	1	C4
11	电容	680μF	1	C2

思考与练习

（1）输入电容如何选取？

答：在调解器中，输入电容的电流方均根值约为负载电流的 50%，所以输入电容的电流方均根值至少为 1.5A。同时，铝电解电容的耐压值要大于 1.5 倍的输入电压。输入电压为 17.25V，则电容的耐压值至少为 25.86V。

（2）加入直流电源的目的是什么？

答：直流电源可以在太阳能电池板和直流电源之间相互转换，当太阳能过大或过小时，可以使用直流电源充电，扩大了本系统的应用范围。

（3）在输出端为什么要加入电阻 R8？

答：在输出端加入 R8 电阻是为了限流，防止灌电流过大而损坏 BQ2057，并将其接到 PNP 晶体管基极，使用晶体管放大电流给电池充电。

 特别提醒

（1）当电路各部分设计完毕后，要对各部分进行适当的连接，并考虑器件间的相互影响。

（2）设计完成后要对电路进行噪声分析、频率分析等测试。

项目 21　心电信号检测与显示电路设计

设计任务

　　设计一个心电检测电路，使其能从人体上采集到心电信号并通过 A/D 转换和微控制器单片机将这些物理信号（本设计中为心电波形）显示出来。由于人体上有各种生理电信号，且心电信号较弱，为了能从人体采集到心电信号，必须将其进行滤波放大，从而得到可观察的心电信号。

基本要求

　　系统设计要求主要包括：
　　☺ 芯片供电电压为 3.3V，单片机供电电压为 5V；
　　☺ 从人体获取微弱的心电信号；
　　☺ 把杂波信号滤除；
　　☺ 把微弱的心电信号放大；
　　☺ 通过 A/D 转换和单片机处理将心电信号显示在液晶屏上。

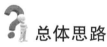

总体思路

　　本电路主要是为了采集微弱的心电信号。由于采集的心电信号非常微弱（mV 级），而且带有其他杂波信号，所以必须设计放大滤波电路，得到 V 级的心电信号。本电路使用的是 ADI 公司的 AD8232 芯片，其供电电压为 2.0~3.5V，这里使用稳压电源直接供电，然后采用内部集成了 A/D 转换电路的单片机 STC12C5A60S2 和液晶显示模块 LCD12864，将反映心电信号的波形显示出来。本次设计显示的波形为黑色阴影点阵的轮廓。

系统组成

　　心电信号检测与显示电路主要分四部分：
　　☺ 医用电极（配备电极片）部分，用来获取人体微弱的心电信号；
　　☺ 放大滤波电路，用来滤除其他生理电信号，并且对微弱的心电信号进行放大；

☺单片机电路，将前端采集到的模拟量进行 A/D 转换和数据处理；

☺液晶屏，显示心电信号。

整个系统方案的模块框图如图 21-1 所示。

图 21-1　整个系统方案的模块框图

 模块详解

1. 放大滤波电路

放大滤波电路运用 ADI 公司的 AD8232 芯片，在芯片外围接上相应的电子元器件，实现相应的放大滤波功能。AD8232 是内部高度集成的电路，内置一个专用仪表放大器（IA）、一个运算放大器（A1）、一个右腿驱动放大器（A2）和一个中间电源电压基准电压缓冲器（A3）。针对放大部分，IA 的放大倍数为 100 倍，由于心电信号幅值在 mV 级，要得到 V 级的电压信号，必须将其放大 1000 倍左右，通过调整运算放大器 A1，使其放大倍数为 11 倍，这时总放大倍数为 1100 倍，符合要求。右腿驱动（RLD）放大器使仪表放大器输入端上的共模信号反相，当右腿驱动输出电流注入对象时，它会抵消共模电压的变化，从而改善系统的共模抑制性能。心电信号放大示意图如图 21-2 所示。

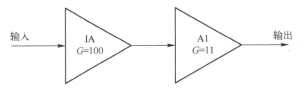

图 21-2　心电信号放大示意图

针对滤波电路，为了获得失真最小的 ECG 波形，AD8232 配置了一个 0.5Hz 双极点高通滤波器，后接一个双极点、40Hz 低通滤波器。为实现最佳共模抑制性能，要驱动第三个电极（即右腿驱动）。心电信号滤波示意图如图 21-3 所示。

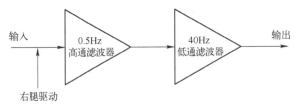

图 21-3　心电信号滤波示意图

放大滤波电路如图 21-4 所示。当 LA 接左手腕、RA 接右手腕、RL 接右腿（或右手臂）、P1 接示波器时，该放大滤波电路输出心电信号波形。

246

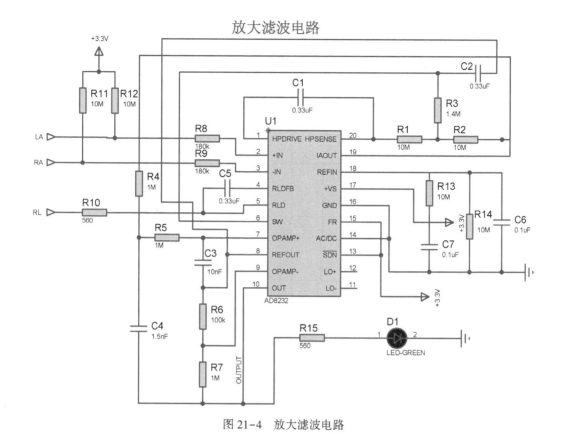

图 21-4 放大滤波电路

2. 单片机电路

本设计中采用的核心控制器为STC12C5A60S2单片机，它是STC生产的单时钟、机器周期（1T）的单片机，是高速、低功耗、超强抗干扰的新一代8051单片机，指令代码完全兼容传统的8051单片机，但速度是8051单片机的8~12倍。内部集成了MAX810专用复位电路、8路高速10位A/D转换电路。故本设计中单片机内部完成A/D转换，将反映心电信号的模拟电压信号转换为数字信号，并经单片机处理后显示到LCD12864上。

晶振电路和复位电路组成了单片机的最小系统。晶振电路采用外接2MHz的时钟源，不用电容就能保证单片机工作。复位电路采用上电复位和按键复位结合的方式保证电路既能按键复位又能上电复位。单片机电路如图21-5所示。

3. 液晶显示电路

本设计中采用的是晶联讯电子公司生产的JLX12864G-1353液晶模块，该模块由驱动IC UC1701X（矽创公司生产）及几个电容、电阻组成。该模块使用方便、显示清晰。它可以显示128列×64行点阵单色图片，可选用16×16点阵或其他点阵的图片来自编汉字，本设计中显示128列×64行的单色图片。在LCD上排列着128×64点阵，128个列信号与驱动IC相连，64个行信号也与驱动IC相连，其中IC绑定在LCD屏上。模块引出12个引脚接口，8~12号引脚分别接单片机的P2.4、P2.3、P2.2、P2.1、P2.0，6号引脚接地，7号引脚接电源，来保证液晶显示屏的正常工作。模块的引脚及引脚功能如表21-1所示。

单片机电路

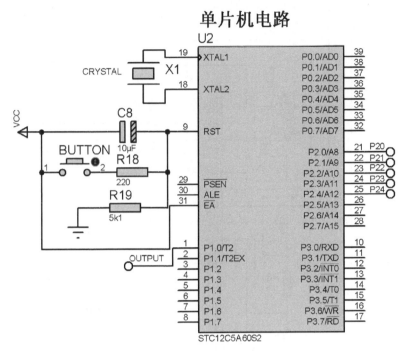

图 21-5 单片机电路

表 21-1 模块的引脚及引脚功能

引 脚 号	符 号	名 称	功 能
1	ROM_IN(NC)	字库 IC 接口（SI）	串行数据输入
2	ROM_OUT(NC)	字库 IC 接口（SO）	串行数据输出
3	ROM_SCK(NC)	字库 IC 接口（SCK）	串行时钟输入
4	ROM_CS(NC)	字库 IC 接口（CS#）	片选输入
5	LEDA	背光电源	背光电源正极，同 VDD 电压
6	VSS	接地	0V
7	VDD	电路电源	5V 或 3.3V 可选
8	SCK	I/O	串行时钟
9	SDA	I/O	串行数据
10	RS(AO)	寄存器选择信号	H：数据寄存器；O：指令寄存器
11	RESET	复位	低电平复位，复位完成后，回到高电平，液晶模块开始工作
12	CS	片选	低电平片选

液晶显示接口电路如图 21-6 所示。

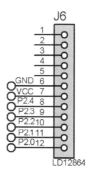

图 21-6　液晶显示接口电路

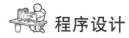 程序设计

C 语言程序源代码

```
#include" Config. h"
#include" register_init. h"
#include" delay. h"
#include" ADC10. h"
#include" suanfa. h"
#include" control. h"
#include" LCD. h"                  //数据采集处理
void    samp_deal( void)
{                                  //在采集数据中，并且一次采集没有完成，也没有发送数据
    Pulse_count = ADC10_samp( 0x00) ;        //通道 0，脉搏电压采集
    UART_IR_buf[ RS232_cnt] = Pulse_count;    //丢弃前 n 个数据
    if( diuqi>0)
    {
     diuqi--;
     RS232_cnt = 0;
    }
    else
    RS232_cnt++;                   //完成一次采集，如果采集间隔超过 10ms，则被认为超时
    if( RS232_cnt> = Snum)
    {
     onetimes_flag = 1;           //200 个数据采集完毕
     RS232_cnt = 0;
    }
}
void Pluse_in( void) interrupt 0 using 0
{
  EX0 = 0;
}
void T0_ISR( void) interrupt 1 using 1
{
  TH0 = 0;
  TL0 = 0;                        //T0 定时 1ms
```

249

```c
}
void Scan_INT1(void) interrupt 2 using 1
{
    EX1=0;
}
void Timer1_ISR(void) interrupt 3 using 2
{
    TH1=-(13824/256);              //10ms,11.0592/8=1.3824
    TL1=-(13824%256);
    T10ms_flag=1;
    if(T10s>0) T10s--;             //1s定时,用于显示更新
    else T10s=100,T10s_flag=1;
}
void UART_SendByte(uchar ch)
{
//  ES=0;                          //中断使能
    TI=0;
    SBUF=ch;                       //2011-3-26补充,防止误发送
    while(!TI);                    //等待发送完成
    TI=0;                          //标志清零
ES=1;                              //中断使能
}
void time_proc(void)
{
    if(T10ms_flag)
    {
    if(onetimes_flag==0)           //调入数据采集子程序,10ms采集一次
    samp_deal();
    T10ms_flag=0;
    }
    //-----------开机乱码清除--------------//
    if(T10s_flag)
    {
    WDT_init();
    LED=!LED;                      //指示灯
    T10s_flag=0;
    }
}                                  //血氧检测
void   SPO2_check(void)
{
    if(onetimes_flag==1)
    {
    cal_IRLED();                   //计算采集数据中的最大值、最小值
    cal_F_IRLED();                 //计算频率
    Slide_filter();                //滑动滤波
    data_proc(MB);                 //频率显示
    MB_buf[2]=bw;
    MB_buf[1]=sw;
    MB_buf[0]=gw;                  //采集的数据波形显示
    for(tt=0;tt<200;tt++)
    {
    tttt=tt/2;
```

250

```
                  wave_disp(UART_IR_buf[tt]/22,tttt);
              }
          LCD_XM();                  //数据显示
          UART_SendByte(0x68);       //串口发送血氧
          UART_SendByte(0x01);       //串口发送血氧
          UART_SendByte(XY);         //串口发送血氧
          UART_SendByte(MB);         //串口发送脉搏
          UART_SendByte(0x16);       //串口发送血氧
          diuqi = 10;
          RS232_cnt = 0;
          onetimes_flag = 0;
      }
  }
  void    System_init(void)
  {
    Device_Init();
    ADC_Power_On();              //开 ADC 电源
    initial_lcd2();              //LCD 小屏
    clear_screen();              //刷屏
    LCD_Ready();                 //显示开机界面
    D_1ms(255);                  //短延迟
    WDT_init();
    D_1ms(255);
    WDT_init();
    D_1ms(255);                  //短延迟
    WDT_init();
    D_1ms(255);
    WDT_init();
    clear_screen();              //刷屏
    LCD_XM();                    //测量菜单
    canshu_init();               //参数初始化
    Enable_timer();              //定时器 0、1 开启
  }
  void main(void)
  {
    System_init();               //系统初始化
    while(1)
    {
      time_proc();               //时间片轮询
      SPO2_check();              //数据定时采集
    }
  }
```

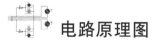 **电路原理图**

系统原理图如图 21-7 所示。

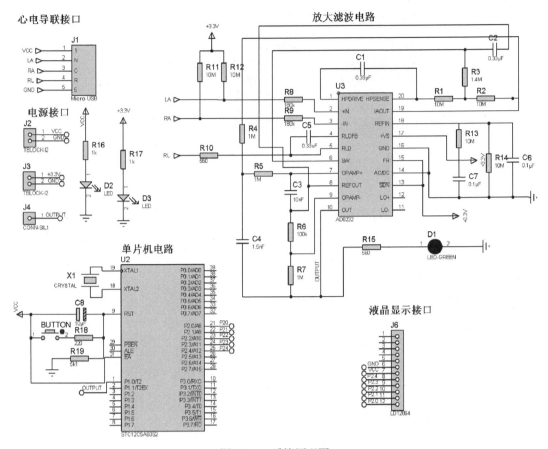

图 21-7　系统原理图

 调试与仿真

　　经过实物测试，电路能够捕获到人体心脏在每个心动周期中，起搏点、心房、心室相继兴奋等过程所伴随的生物电（即心电）的变化，再经过调理电路，最终通过液晶屏实时显示出被测试者的心电信号，设计的电路基本完成了设计要求。

 PCB 版图

　　PCB 版图如图 21-8 所示。

 实物测试

　　实物测试图如图 21-9 所示。

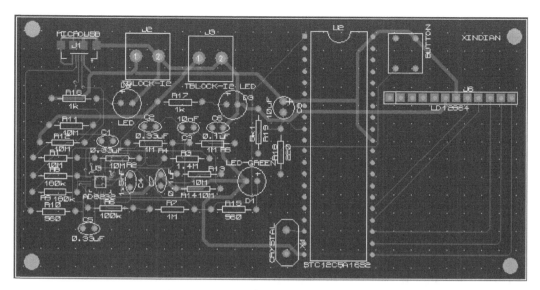

图 21-8　PCB 版图

图 21-9　实物测试图

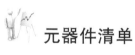 元器件清单

部分元器件清单如表 21-2 所示。

表 21-2　部分元器件清单

序号	名　　称	元器件规格	数量	元器件编号
1	二极管	1N4001	1	D1
2	3.3V 稳压芯片	AMS1117_3.3V	1	AMS1117_3.3
3	电阻	560Ω	2	R15、R10
4	电阻	100kΩ	1	R6
5	电阻	180kΩ	2	R8、R9
6	电阻	1kΩ	2	R16、R17
7	电阻	1MΩ	3	R4、R5、R7

序号	名　称	元器件规格	数量	元器件编号
8	电阻	1.4MΩ	1	R3
9	电阻	10MΩ	6	R1、R2、R11、R12、R13、R14
10	电阻	220Ω	1	R18
11	电阻	5.1kΩ	1	R19
12	电容	1.5nF	1	C4
13	电容	10nF	1	C3
14	电容	0.1μF	2	C6、C7
15	电容	0.33μF	3	C1、C2、C5
16	极性电容	10μF	1	C8
17	集成芯片	AD8232	1	U1
18	集成芯片	STC12C5A60S2	1	U2

 思考与练习

（1）在本项目中，是如何对心电信号进行放大的？放大倍数是多少？滤波带通范围又为多少？

答：本项目利用 AD8232 芯片进行配置，由于 AD8232 内置一个仪表放大器和一个运算放大器，仪表放大器的放大倍数为 100，运算放大器的放大倍数为 11，通过两级放大，总放大倍数为 1100，滤波带通范围为 0.5~40Hz。

（2）AD8232 内置的右腿驱动电路的作用是什么？

答：右腿驱动电路使仪表放大器输入端上的共模信号反相，当右腿驱动输出电流注入对象时，它会抵消共模电压的变化，从而改善系统的共模抑制性能。

（3）用万用表测试电源时应注意什么？

答：要正确设置万用表量程及万用表挡位。

 特别提醒

（1）本系统配套顺序为：①制作 PCB；②接上电极片，调试示波器，显示出心电波形。

（2）测试人体心电信号时，双手和手臂要湿润，之后再贴上电极片，人最好平躺着测试。电源正、负极千万不要被接反。

项目 22　脉搏信号检测与分析电路设计

设计任务

脉搏信号检测与分析电路可以采集人体脉搏跳动引起的一些生物信号，然后把生物信号转换为物理信号，通过 A/D 转换和微控制器单片机将这些物理信号（本设计中为脉搏跳动波形）显示出来，从而方便人们通过波形分析人体血管弹性的变化。

基本要求

显示脉搏跳动波形。

总体思路

在本设计中，采用 HK−2000B+脉搏传感器，该传感器高度集成力敏元件（PVDF 压电膜）、灵敏度温度补偿元件、感温元件。经过电荷放大电路、电压放大电路等信号调理电路，可输出反映脉搏跳动的电压信号。然后采用内部集成了 A/D 转换的单片机 STC12C5A60S2 和液晶显示模块 LCD12864，将反映脉搏跳动的波形显示出来。本次设计显示的波形为黑色阴影点阵的轮廓。

系统组成

整个系统方案的模块框图如图 22−1 所示。

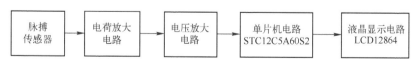

图 22−1　整个系统方案的模块框图

 模块详解

1. 电荷放大电路

电荷放大电路常作为压电式传感器的输入电路，由一个带反馈电容 C1 的高增益运算放大器构成，如图 22-2 所示。OPA2340PA 为运算放大器增益，放大器的输入电压与输出电压反相。由于运算放大器输入阻抗极高，故放大器输出电流几乎没有被分流，其输出电压为

$$U_0 = -\frac{KQ}{(1+K) \cdot C_1} \approx -\frac{Q}{C_1} \qquad (22-1)$$

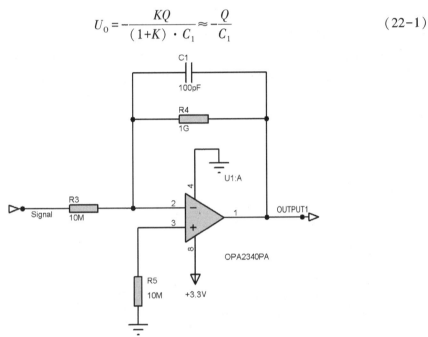

图 22-2　电荷放大器电路

电荷放大电路的输出电压与电缆电容无关，而与 Q 成正比，这是电荷放大器的最大特点。

2. 电压放大电路

在设计中，采用了运放 OPA2340PA，它具有以下几个特点。

（1）类型：轨到轨单电源运放。

（2）电源：2.7~5V。

（3）带宽：5.5MHz。

通过运放 OPA2340PA 将信号放大，放大倍数由 R_7、RV_1 和 R_6 的比值决定。具体计算公式如下：

$$A_V = \frac{R_7 + RV_1}{R_6} \qquad (22-2)$$

电压放大电路如图 22-3 所示。

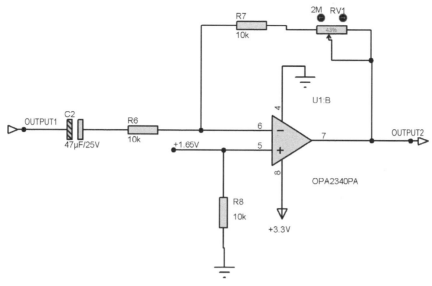

图 22-3 电压放大电路

3. 单片机电路

在本设计中，采用的核心控制器为 STC12C5A60S2 单片机。它是 STC 生产的单时钟/机器周期（1T）的单片机，是高速、低功耗、超强抗干扰的新一代 8051 单片机，指令代码完全兼容传统 8051，但速度快 8~12 倍。它内部集成了 MAX810 专用复位电路、8 路高速 10 位 A/D 转换。故在单片机内部即可完成 A/D 转换，将反映脉搏的模拟电压信号转换为数字信号，并经单片机处理后显示到 LCD12864 上。由晶振电路和复位电路组成单片机的最小系统。晶振电路外接 2MHz 的时钟源，不用电容就能保证单片机工作。复位电路采用上电复位和按键复位结合的方式，保证电路既能按键复位又能上电复位。

单片机电路如图 22-4 所示。

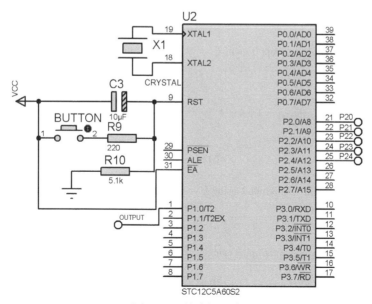

图 22-4 单片机电路

257

4. 液晶显示电路

在本设计中，采用的液晶显示模块是晶联讯电子公司生产的 JLX12864G-1353 液晶模块。具体介绍参见项目 21 液晶显示电路。

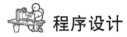 程序设计

C 语言程序源代码

```
#include" Config. h"
#include" register_init. h"
#include" delay. h"
#include" ADC10. h"
#include" suanfa. h"
#include" control. h"
#include" LCD. h"                    //数据采集处理
void   samp_deal( void)
{                                   //在采集数据中，并且一次采集没有完成，也没有发送数据
    Pulse_count = ADC10_samp( 0x00) ;          //通道 0，脉搏电压采集
    UART_IR_buf[ RS232_cnt] = Pulse_count;     //丢弃前 n 个数据
    if( diuqi>0)
    {
     diuqi--;
     RS232_cnt = 0;
    }
    else
    RS232_cnt++;                    //完成一次采集，如果采集间隔超过 10ms，则被认为超时
    if( RS232_cnt> = Snum)
    {
     onetimes_flag = 1;            //200 个数据采集完毕
     RS232_cnt = 0;
    }
}
void Pluse_in( void) interrupt 0 using 0
{
   EX0 = 0;
}
void T0_ISR( void) interrupt 1 using 1
{
   TH0 = 0;
   TL0 = 0;                         //T0 定时 1ms
}
void Scan_INT1( void) interrupt 2 using 1
{
   EX1 = 0;
}
void Timer1_ISR( void) interrupt 3 using 2
{
   TH1 = -( 13824/256) ;           //10ms, 11. 0592/8 = 1. 3824
   TL1 = -( 13824%256) ;
   T10ms_flag = 1;
```

258

```c
    if(T10s>0) T10s--;                  //1s 定时,用于显示更新
    else T10s=100,T10s_flag=1;
}
void UART_SendByte(uchar ch)
{
//  ES=0;                               //中断使能
    TI=0;
    SBUF=ch;                            //2011-3-26 补充,防止误发送
    while(!TI);                         //等待发送完成
    TI=0;                               //标志清零
    //ES=1;                             //中断使能
}
void time_proc(void)
{
    if(T10ms_flag)
    {
     if(onetimes_flag==0)               //调入数据采集子程序,10ms 采集一次
     samp_deal();
     T10ms_flag=0;
    }
    //-----------开机乱码清除-------------//
    if(T10s_flag)
    {
     WDT_init();
     LED=!LED;                          //指示灯
     T10s_flag=0;
    }
}                                       //血氧检测
void    SPO2_check(void)
{                                       //一次采集完成标志
    if(onetimes_flag==1)
    {
     cal_IRLED();                       //计算采集数据中的最大值、最小值
     cal_F_IRLED();                     //计算频率
     Slide_filter();                    //滑动滤波
     data_proc(MB);                     //频率显示
     MB_buf[2]=bw;
     MB_buf[1]=sw;
     MB_buf[0]=gw;                      //采集的数据波形显示
     for(tt=0;tt<200;tt++)
     {
       tttt=tt/2;
       wave_disp(UART_IR_buf[tt]/22,tttt);
     }
     LCD_XM();                          //数据显示
     UART_SendByte(0x68);               //串口发送血氧
     UART_SendByte(0x01);               //串口发送血氧
     UART_SendByte(XY);                 //串口发送血氧
     UART_SendByte(MB);                 //串口发送脉搏
     UART_SendByte(0x16);               //串口发送血氧
     diuqi=10;
     RS232_cnt=0;
```

259

```
                onetimes_flag = 0;
            }
        }
    void    System_init(void)
    {
    Device_Init();
    ADC_Power_On();              //开 ADC 电源
    initial_lcd2();              //LCD 小屏
    clear_screen();              //刷屏
    LCD_Ready();                 //显示开机界面
    D_1ms(255);                  //短延迟
    WDT_init();
    D_1ms(255);
    WDT_init();
    D_1ms(255);                  //短延迟
    WDT_init();
    D_1ms(255);
    WDT_init();
    clear_screen();              //刷屏
    LCD_XM();                    //测量菜单
    canshu_init();               //参数初始化
    Enable_timer();              //定时器 0、1 开启
    }
    void main(void)
    {
    System_init();               //系统初始化
    while(1)
    {
        time_proc();             //时间片轮询
        SPO2_check();            //数据定时采集
    }
    }
```

 电路原理图

脉搏信号检测与分析电路整体原理图如图 22-5 所示。

 调试与仿真

经过实物测试，在液晶屏上可观察到反映脉搏变化的完整波形，并与医用测试结果保持了很好的一致性，为后续分析人体的血管弹性等相应生理特点提供了直观的数据，设计的电路基本满足设计要求。

 PCB 版图

PCB 版图如图 22-6 所示。

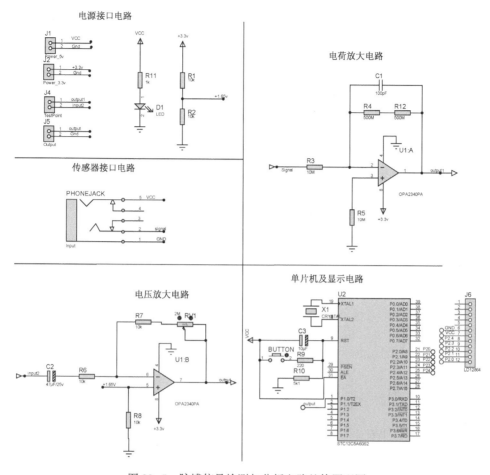

图 22-5 脉搏信号检测与分析电路整体原理图

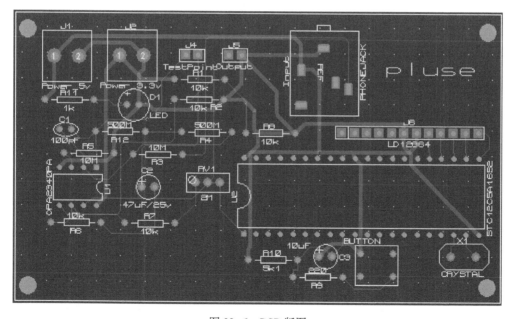

图 22-6 PCB 版图

实物测试

脉搏信号检测与分析电路实物照片如图 22-7 所示。

图 22-7　脉搏信号检测与分析电路实物照片

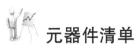 **元器件清单**

部分元器件清单如表 22-1 所示。

表 22-1　部分元器件清单

序号	名　　称	元器件规格	数量	元器件编号
1	电阻	10kΩ	5	R1、R2、R6、R7、R8
2	电阻	10MΩ	2	R3、R5
3	电阻	500MΩ	2	R4、R12
4	电阻	220Ω	1	R9
5	电阻	5.1kΩ	1	R10
6	电阻	1kΩ	1	R11
7	电解电容	47μF/25V	1	C2
8	电容	100pF	1	C1
9	LED 发光二极管	外径 5mm	1	D1
10	滑动变阻器	2MΩ	1	RV1
11	集成芯片	OPA2340PA	1	U1
12	晶振	12MHz	1	X1
13	5V 电源接口	Power_5V	1	J1
14	3.3V 电源接口	Power_3.3V	1	J2
15	测试点接口	TestPoint	1	J3

序号	名　　称	元器件规格	数量	元器件编号
16	输出接口	Output	1	J4
17	输入接口（3mm 耳机接口）	Input	1	PHONEJACK
18	脉搏传感器	HK-2000B+		
19	集成芯片	STC12C5A60S2	1	U2
20	集成芯片	LD12864	1	J6
21	按键	四脚非自锁按钮	1	BUTTON

 思考与练习

（1）本设计用到的传感器为压电式脉搏传感器 HK-2000B+，有没有其他方案同样可以采集到脉搏信号？

答：采用光电对管同样可以采集到脉搏信号。

（2）电压放大电路中，放大倍数如何计算？

答：通过运放 OPA2340PA 将信号放大，放大倍数由 R_7、RV_1 和 R_6 的比值决定。具体计算公式如下：

$$A_V = \frac{R_7 + RV_1}{R_6}$$

 特别提醒

使用 HK-2000B+脉搏传感器进行信号采集时，注意找准手臂脉搏跳动最明显的位置，若没有采集到信号，应进行位置调整，再次采集。

项目 23　基于单片机的电子秤设计

设计任务

设计一个小型的基于单片机的电子秤，可以在一定范围内称出物体的质量。本设计主要以单片机 STC89C52 为控制核心，实现电子秤的基本控制功能。

基本要求

☺ 量程为 0~5kg 电子称，误差为 1~2g；
☺ 带有超重报警器、蜂鸣器装置；
☺ 带有复位、去皮、上限设置功能。

总体思路

称重传感器感应被测重力，输出微弱的 mV 级电压信号。该电压信号经过电子秤专用 A/D 转换器芯片 HX711 对传感器信号进行调理转换。HX711 采用了海芯科技集成电路专利技术，是一款专为高精度电子秤而设计的 24 位 A/D 转换器芯片，内置增益控制，精度高、性能稳定。HX711 通过 2 线串行方式与单片机通信。单片机读取被测数据，并对其进行计算转换，然后将转换后的数据在液晶屏上显示出来。电源系统给单片机、HX711 电路及传感器供电。

系统组成

整个系统主要分为六部分：
☺ 称重传感器。用来感应被测重力，输出微弱的 mV 级电压信号；
☺ HX711 电路。用于对传感器信号进行调理转换；
☺ 以单片机 STC89C52 为控制核心，实现电子秤的基本控制功能；
☺ 按键电路。设置称重上限、控制去皮等功能；
☺ 电源电路。为单片机、HX711 电路及称重传感器供电。

☺ 液晶显示电路。显示物体的质量及电子秤量程。

整个系统的模块框图如图 23-1 所示。

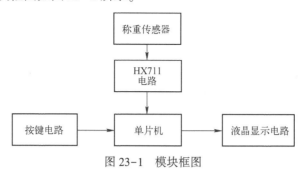

图 23-1　模块框图

 模块详解

1. 电源电路

本设计采用直流 9V 电压供电，最大输出电流为 1A。电源电路如图 23-2 所示。

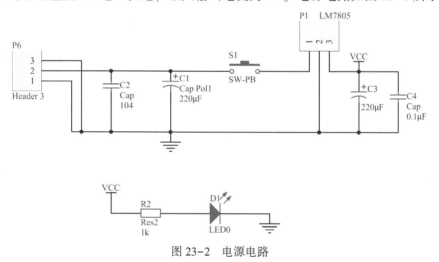

图 23-2　电源电路

2. 单片机电路

本设计主要以单片机 STC89C52 为控制核心，实现电子秤的基本控制功能。在本设计中，电子秤的单片机电路如图 23-3 所示。

3. 液晶显示电路

显示器是人机交互的主要部分，可以将测量电路测得的数据经过 CPU 处理后直观地显示出来。数据显示有两种方案：LED（Light Emitting Diode）数码显示和 LCD（Liquid Crystal Display）液晶显示。LCD 液晶显示器是一种极低功耗显示器，从电子表到计算器，从袖珍仪表到便携式微型计算机及一些文字处理机都用到 LCD 液晶显示器。LCD 液晶显示具有显示质量高、数字式接口、体积小、质量小、功耗低等优点。因此，本次设计选择使用 LCD 液晶显示器，主要用于显示数字、符号等。

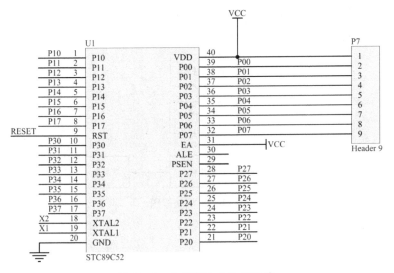

图 23-3　电子秤的单片机电路

液晶显示电路如图 23-4 所示。

4. 按键电路

按键电路提供复位、去皮、上限调整等按键开关，按键电路如图 23-5 所示。

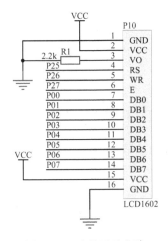

图 23-4　液晶显示电路

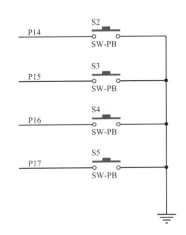

图 23-5　按键电路

5. 电子秤专用 24 位 A/D 转换芯片 HX711 及其电路

与同类型其他芯片相比，HX711 集成了包括稳压电源、片内时钟振荡器等其他同类型芯片所需要的外围电路，具有集成度高、响应速度快、抗干扰性强等优点，降低了电子秤的整机成本，提高了整机的性能和可靠性。

6. 蜂鸣器电路

当测量质量超过量程时，报警器给出低电平信号，驱动蜂鸣器鸣响，报警灯亮。蜂鸣器电路如图 23-6 所示。

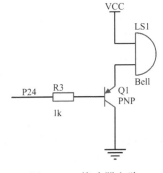

图 23-6　蜂鸣器电路

266

程序设计

C 语言程序源代码

```
#include <reg52. h>                    //调用单片机头文件
#define uchar unsigned char           //无符号字符型 宏定义变量范围为 0~255
#define uint    unsigned int          //无符号整型 宏定义变量范围为 0~65535
#define ulong unsigned long
#include<intrins. h>
uchar code table_num[ ] ="0123456789abcdefg";
sbit rs=P1^0;                         //寄存器选择信号 H：数据寄存器        L：指令寄存器
sbit rw=P1^1;                         //寄存器选择信号 H：数据寄存器        L：指令寄存器
sbit e =P1^2;                         //片选信号    下降沿触发
sbit hx711_dout=P2^1;
sbit hx711_sck=P2^0;
sbit beep = P1^3;                     //蜂鸣器
long weight;
uint temp,qi_weight;
bit chaozhong_flag;
bit leiji_flag;
bit flag_300ms ;
ulong price,z_price;                  //单价 总价
uchar flag_p;                         //删除键 去皮 价格清零
void delay_1ms( uint q)
{
        uint i,j;
        for(i=0;i<q;i++)
                for(j=0;j<120;j++);
}
void delay_uint( uint q)
{
        while(q--);
}
void write_com( uchar com)
{
        e=0;
        rs=0;
        rw=0;
        P0=com;
        delay_uint(3);
        e=1;
        delay_uint(25);
        e=0;
}
void write_data( uchar dat)
{
        e=0;
        rs=1;
        rw=0;
```

267

```c
        P0 = dat;
        delay_uint(3);
        e = 1;
        delay_uint(25);
        e = 0;
}
void write_string(uchar hang, uchar add, uchar * p)
{
        if(hang == 1)
                write_com(0x80+add);
        else
                write_com(0x80+0x40+add);
        while(1)
        {
                if(*p == '\0')  break;
                write_data(*p);
                p++;
        }
}
void init_1602()                    //LCD1602初始化设置
{
        write_com(0x38);
        write_com(0x0c);
        write_com(0x06);
        delay_uint(1000);
}
void write_zifu(uchar hang, uchar add, uchar dat)
{
        if(hang == 1)
                write_com(0x80+add);
        else
                write_com(0x80+0x40+add);
        write_data(dat);
}
void write_sfm4_price(uchar hang, uchar add, uint date)
{
        if(hang == 1)
                write_com(0x80+add);
        else
                write_com(0x80+0x40+add);
        write_data(0x30+date/1000%10);
        write_data(0x30+date/100%10);
        write_data('.');
        write_data(0x30+date/10%10);
        write_data(0x30+date%10);
}
void init_1602_dis_csf()           //初始化液晶显示
{
        write_string(1,0,"   W:0.000kg    ");
        write_string(2,0,"P:00.00  Z:00.00");
        write_zifu(2,7,0x5c);
        write_zifu(2,15,0x5c);
```

```c
}
void write_1602_yl(uchar hang,uchar add,uint date)
{
        if(hang==1)
                write_com(0x80+add);
        else
                write_com(0x80+0x40+add);
        write_data(0x30+date/1000%10);
        write_data('.');
        write_data(0x30+date/100%10);
        write_data(0x30+date/10%10);
        write_data(0x30+date%10);
}
void Delay__hx711_us(void)
{
        _nop_();
        _nop_();
}
ulong ReadCount(void)              //增益 128
{
        ulong count,value = 0;
        uchar i;
        hx711_dout=1;
        Delay__hx711_us();
        hx711_sck=0;
        count=0;
        while(hx711_dout)              ;
        for(i=0;i<24;i++)
        {
                hx711_sck=1;
                count=count<<1;
            hx711_sck=0;
                if(hx711_dout)
                        count++;
        }
        hx711_sck=0;
        Delay__hx711_us();
        hx711_sck=1;
        return(count);
}


void get_pizhong()                 //获取皮重、秤盘质量
{
        ulong hx711_dat;
        hx711_dat=ReadCount();     //HX711 转换数据处理
        temp=(uint)(hx711_dat/100);
}


void get_weight()                  //获取被测物体质量
{
        ulong hx711_data,a;
        uint get,aa;
```

269

```c
        hx711_data = ReadCount( ) ;                    //HX711 转换数据处理
        get = ( uint) ( hx711_data/100) ;
        if( get>temp)
        {
            a = ReadCount( ) ;
            aa = ( uint) ( a/100) -temp;
    weight = ( uint) ( ( float) aa/4. 9+0. 05) ;
//质量转换函数, 传感器型号不同此函数要适当修改
        }

}
void time_init( )
{
        EA    = 1;                                     //开总中断
        TMOD= 0X01;                                    //定时器 0、定时器 1 工作方式 1
        ET0   = 1;                                     //开定时器 0 中断
        TR0   = 1;                                     //允许定时器 0 定时

}
uchar key_can;                                         //按键值
void key( )                                            //独立按键程序
{
        static uchar key_new = 0, key_l;
        key_can = 20;                                  //按键值还原
        P3 = 0x0f;
        if( ( P3 & 0x0f) ! = 0x0f)                     //按键按下
        {
            delay_1ms( 1) ;                            //按键消抖动
            if( ( ( P3 & 0x0f) ! = 0x0f) && ( key_new == 1) )
            {                                          //确认按键按下
                key_new = 0;
                key_l = P3 | 0xf0;    //矩阵键盘扫描
                P3 = key_l;
                switch( P3)
                {
                        case 0xee:    key_can = 1;    break;    //得到按键值
                        case 0xde:    key_can = 4;    break;    //得到按键值
                        case 0xbe:    key_can = 7;    break;    //得到按键值
                        case 0x7e:    key_can = 10;   break;    //得到按键值

                        case 0xed:    key_can = 2;    break;    //得到按键值
                        case 0xdd:    key_can = 5;    break;    //得到按键值
                        case 0xbd:    key_can = 8;    break;    //得到按键值
                        case 0x7d:    key_can = 0;    break;    //得到按键值

                        case 0xeb:    key_can = 11;   break;    //得到按键值
                        case 0xdb:    key_can = 9;    break;    //得到按键值
                        case 0xbb:    key_can = 6;    break;    //得到按键值
                        case 0x7b:    key_can = 3;    break;    //得到按键值

                        case 0xe7:    key_can = 15;   break;    //得到按键值
                        case 0xd7:    key_can = 14;   break;    //得到按键值
                        case 0xb7:    key_can = 13;   break;    //得到按键值
                        case 0x77:    key_can = 12;   break;    //得到按键值
```

270

```
                    }
                    beep = 0;                           //蜂鸣器响一声
                    delay_1ms(100);
                    beep = 1;
                }
        }
        else
                key_new = 1;
}
void key_with( )
{
        if(key_can <= 9)                                //数字键
        {
                if(flag_p >= 4)
                {
                        flag_p = 0;
                }
                if(flag_p == 0)
                        price = key_can;
                else
                {
                        price = price * 10 + key_can;
                }
                write_sfm4_price(2,2,price);            //显示单价
                flag_p ++;
        }
        if(key_can == 15)                               //删除键
        {
                if(price != 0 )
                {
                        flag_p --;
                        price /= 10;                    //删除
                        write_sfm4_price(2,2,price);   //显示单价
                }
        }
        if(key_can == 14)                               //去皮
        {
                get_pizhong( );                         //获取皮重、秤盘质量
        }
        if(key_can == 13)                               //价格清零
        {
                flag_p = 0;
                price = 0;
                write_sfm4_price(2,2,price);           //显示单价
        }
}
void main( )
{
        beep = 0;                                       //蜂鸣器响一声
        delay_1ms(100);
        P0 = P1 = P2 = P3 = 0xff;                       //单片机 I/O 口初始化为1
        time_init( );                                   //初始化定时器
```

271

```
    init_1602( );                                    //LCD1602 初始化
    init_1602_dis_csf( );                            //LCD1602 初始化显示
```

 电路原理图

电路原理图如图 23-7 所示。

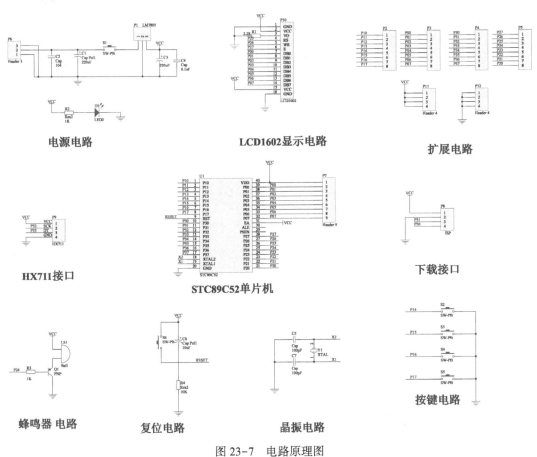

图 23-7　电路原理图

 **调试与仿真**

经过测试，本设计基本符合设计要求。

PCB 版图

PCB 版图如图 23-8 所示。

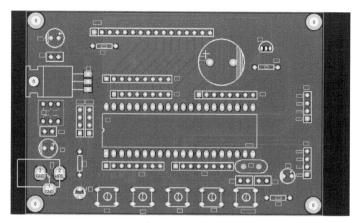

图 23-8　PCB 版图

 实物测试

基于单片机的电子秤设计电路实物照片如图 23-9 所示。

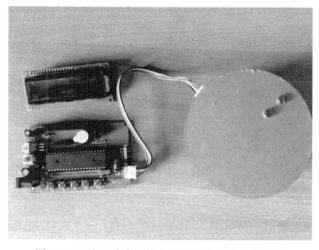

图 23-9　基于单片机的电子秤设计电路实物照片

 元器件清单

元器件清单如表 23-1 所示。

表 23-1　元器件清单

序号	名　称	元器件规格	数量	元器件编号
1	电阻	2.2kΩ	1	R1
2	电阻	1kΩ	2	R2、R3

序号	名　　称	元器件规格	数量	元器件编号
3	电阻	10kΩ	1	R4
4	普通电容	0.1μF	2	C2、C4
5	普通电容	100pF	2	C5、C7
6	电解电容	220μF	2	C1、C3
7	电解电容	10μF	1	C6
8	开关	—	6	S1、S2、S3、S4、S5、S6
9	单片机	STC89C52	1	U1
10	LCD 显示器	—	1	P10
11	HX711	—	1	P9
12	LED 灯	—	1	D1
13	传感器	5kg	1	—
14	三端稳压集成电路 LM7805	—	1	P1
15	蜂鸣器	—	1	LS1
16	晶振	—	1	Y1
17	三极管	—	1	Q1
18	单片机下载接口	—	1	P8
19	传感器接口	—	1	P9
20	组排	—	1	P10
21	电源接口	DC 9V	1	P6

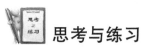 **思考与练习**

（1）选择称重传感器时一般要注意哪些问题，目前常用的称重传感器有哪些？分别有什么？

答：注意以下问题：

① 安装要求，有些场合只适合使用特定的称重传感器。

② 使用条件，如密封、防爆等。

③ 传感器的精度等级。精度等级通常由弹性体结构决定，还受处理过程中是否有线性补偿影响。

④ 传感器的量程范围。估算被测物体的最大质量是多少，要想获得较准确的测量数值，一般选择的量程是被测体最大质量的 2~2.5 倍。

⑤ 传感器使用过程中受温度影响的特性和蠕变特性。

常用传感器：电阻应变式压力传感器、电容压力传感器、压电式压力传感器。

其主要特点如下：

电容式压力传感器稳定性较差，精度和灵敏度较高，寿命较短，对环境要求苛刻，不易长距离传输测量信号。

压电式压力传感器稳定性好，精度和灵敏度高，寿命长，但大量程的压力传感器尚待进一步研究。

电阻应变式压力传感器稳定性较好，精度和灵敏度较高，寿命较长，对测量环境要求不太严格。

（2）选择 A/D 转换芯片时，是不是越多位数越好？

答：电子秤一般都会用 24 位的高精度 A/D 转换芯片，但并不是位数越多精度越高，精度还和采样周期和程序内部校正有关，所以一开始就要考虑高精度 A/D 转换芯片和程序校正的问题。

 特别提醒

（1）当电路各部分设计完毕后，要对电路进行仿真测试。

（2）设计电路时应尽可能使电路简化，注意各元器件之间的相互影响。

项目 24　基于单片机的公交车自动报站器设计

 设计任务

使用 8 位单片机作为控制器件，当系统进行语音再生时，单片机控制电路中的语音芯片读取其外接的存储器内部的语音信息，并合成语音信号，再通过语音输出电路进行语音报站和提示。

 **基本要求**

☺ 基于 ISD1730 语音芯片的录放电路；
☺ 利用数码管显示器件同时显示日期、时间、星期；
☺ 采用专用的 DS1302 实现时钟的计时。

 总体思路

单片机通过程序读取文字信息，送入液晶显示模块来进行站数和站名的显示，通过键盘来控制系统进行工作。

当系统进行语音录制时，将语音信号通过语音录入电路输入语音合成电路中的语音芯片，由语音芯片对其进行数据处理，并将生成的数字语音信息存储到语音存储芯片中，从而建立语音库。

系统组成

基于单片机的公交车自动报站器主要分为三部分：
☺ 单片机（STC89C52）控制电路；
☺ 液晶显示电路采用 4 位数码管显示当前过站数，以确定报站状态；
☺ 采用 ISD1730 语音芯片设计录放电路，其相较于 ISD2560 语音芯片功能更强大，可由按键直接控制语音的录放等，电路工作稳定、可靠性高，完全满足设计要求，具有非常好的实用性。

整个系统方案的模块框图如图 24-1 所示。

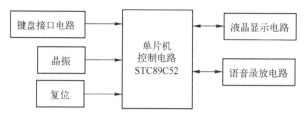

图 24-1　整个系统方案的模块框图

 模块详解

1. 单片机控制电路

通过对 STC89C52 进行编程，令其 P1.0 到 P1.3 接收当前按键状态信息，实现对工作状态的控制；令 P0 与 P2.4～P2.7 发送数码管段选和位选信号，驱动数码管显示；令 P3.4～P3.7 传输 ISD1730 的控制信号，以实现语音录放功能。

单片机控制电路如图 24-2 所示。

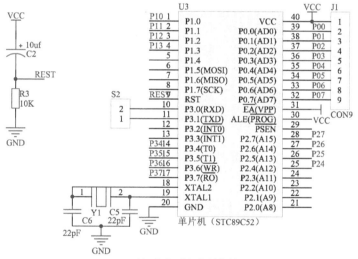

单片机控制模块

图 24-2　单片机控制电路

2. 液晶显示电路

通过程序令单片机 P0 输出 8 位段选信号，用来确定数码管对应显示位的显示内容；令单片机 P2.4～P2.7 输出 4 位位选信号，用来确定数码管显示位。液晶显示电路如图 24-3 所示。

3. 语音录放电路

当 REC 端为低电平时，开始执行录音操作；当 PLAY 为低电平时，会将芯片内所有

277

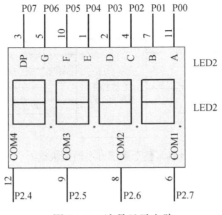

图24-3 液晶显示电路

语音信息播放出来，并且循环播放直到松开按键将 PLAY 引脚电平拉高。在放音期间 LED 灯闪烁。当放音停止时，播放指针会停留在当前停止的语音段起始位置；当 FWD 端电平拉低时，会启动快进操作，快进操作用来将播放指针移向下一段语音信息；当将 VOL 引脚变为低电平时，会改变音量大小。语音录放电路如图24-4所示。

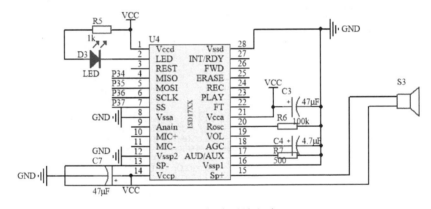

图24-4 语音录放电路

4. 键盘接口电路

键盘接口电路如图24-5所示，利用4个按键开关来选择电路当前执行状态。

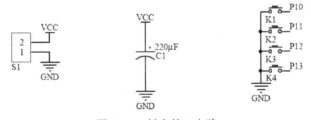

图24-5 键盘接口电路

5. ISD1730 简介

ISD1730芯片提供了多项新功能，包括内置多信息管理系统、新信息提示、双运作模式及可定制的信息操作指示音效。芯片内部包含自动增益控制电路、话筒前置扩大器、扬

278

声器驱动线路、振荡器与内存等的全方位整合系统功能。此芯片的性能特点是：

- 可录音、放音十万次，存储内容可以断电保留 100 年。
- 两种控制方式，两种录音输入方式，两种放音输出方式。
- 可处理多达 255 段以上的信息。
- 有丰富多样的工作状态提示。
- 多种采样频率对应多种录放时间。
- 音质好，电压范围宽，应用灵活，价廉物美。

ISD1730 芯片的引脚如图 24-6 所示。

V_{CCD}（1 脚）：数字电路电源电压端口。

$\overline{LED}$（2 脚）：LED 指示信号输出端口。

$\overline{RESET}$（3 脚）：芯片复位端口。

MISO（4 脚）：SPI 接口的串行输出端口。ISD1700 在 SCLK 下降沿之前的半个周期将数据放置在 MISO 端。数据在 SCLK 的下降沿时移出。

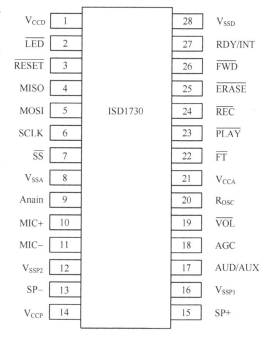

图 24-6　ISD1730 芯片的引脚

MOSI（5 脚）：SPI 接口的数据输入端口。主控制芯片在 SCLK 上升沿之前的半个周期将数据放置在 MOSI 端。数据在 SCLK 上升沿被锁存在芯片内。此引脚在空闲时应该被置高电平。

SCLK（6 脚）：SPI 接口的时钟端口。由主控制芯片产生，并且被用来同步芯片 MOSI 端和 MISO 端各自的数据输入信号和输出信号。此引脚空闲时必须被置高电平。

$\overline{SS}$（7 脚）：为低电平时，选择该芯片为当前被控制设备并且开启 SPI 接口。此引脚空闲时必须被置高电平。

V_{SSA}（8 脚）：模拟地端口。

Anain（9 脚）：芯片录音或直通时，辅助的模拟输入端口。该端口要连接一个交流耦合电容（典型值为 $0.1\mu F$），并且输入信号的幅值不能超出 $1.0Vpp$。APC 寄存器的 D3 可以决定 Anain 信号被立刻录制到存储器中，与 MIC 信号混合并被录制到存储器中，或者被缓存到扬声器端并经由直通线路 AUD/AUX 输出。

MIC+（10 脚）：麦克风输入+端口。

MIC–（11 脚）：麦克风输入–端口。

V_{SSP2}（12 脚）：负极 PWM 扬声器驱动器地端口。

SP–（13 脚）：扬声器输出–端口。

V_{CCP}（14 脚）：PWM 扬声器驱动器电源电压端口。

SP+（15 脚）：扬声器输出+端口。

V_{SSP1}（16 脚）：正极 PWM 扬声器驱动器地。

AUD/AUX（17 脚）：辅助输出端口，取决于 APC 寄存器的 D7，用来输出一个 AUD 输出信号或 AUX 输出信号。AUD 输出信号是一个单端电流输出信号，而 AUX 输出信号是一个单端电压输出信号。它们能够被用来驱动一个外部扬声器。出厂默认设置该端口输出 AUD 输出信号。APC 寄存器的 D9 可以使该端口断电。

AGC（18 脚）：自动增益控制端口。

$\overline{\text{VOL}}$（19 脚）：音量控制端口。

R_{OSC}（20 脚）：振荡电阻端口，ROSC 用一个电阻连接到地，决定芯片的采样频率。

V_{CCA}（21 脚）：模拟电路电源电压端口。

$\overline{\text{FT}}$（22 脚）：在 Ready（独立）模式下，当$\overline{\text{FT}}$端口一直为低电平时，连接 Anain 端口的直通线路被激活。Anain 信号被立刻从 Anain 端口经由音量控制线路发射到扬声器及 AUD/AUX 输出端口。不过，在 SPI 模式下时，SPI 无视这个输入信号，而且直通线路被 APC 寄存器的 D0 所控制。该端口有一个内部上拉设备和一个内部防抖动电路，允许使用按键开关来控制开始和结束。

$\overline{\text{PLAY}}$（23 脚）：播放控制端口。

$\overline{\text{REC}}$（24 脚）：录音控制端口。

$\overline{\text{ERASE}}$（25 脚）：擦除控制端口。

$\overline{\text{FWD}}$（26 脚）：快进控制端口。

RDY/INT（27 脚）：一个开路输出端口。在 Ready（独立）模式下，该端口在录音、放音、擦除和指向操作时保持低电平，而在高电平时则进入掉电状态。在 SPI 模式下，在完成 SPI 命令后，会产生一个低电平的中断信号，一旦中断消除，该引脚变回高电平。

V_{SSD}（28 脚）：数字地端口。

电路总原理图如图 24-7 所示。

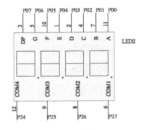

数码管显示模块

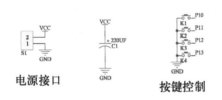

电源接口　　　　按键控制

外设接口

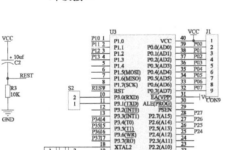

单片机控制模块

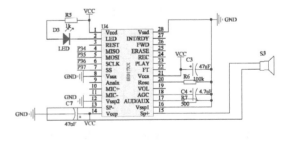

语音提示模块

图 24-7　电路总原理图

280

软件设计

程序设计流程图如图 24-8 所示。

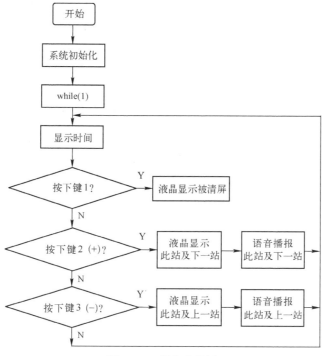

图 24-8　程序流程图

按照程序流程图，编写程序如下：

```
#include<reg52. h>
#include" ISD1700. h"
#include" KEY. h"
#include" LED. h"

main( )
{    date = 1;
     ISD_Init( );
     while( 1 )
     {
          key( );
          xianshi( date);
     }
}
```

 PCB 版图

根据电路原理图的设计，在 Altium Designer 界面创建 PCB 文件，将原理图中各个元器件进行分布，然后进行布线处理，得到的 PCB 版图如图 24-9 所示。在 PCB 设计过程中要考虑外部连接的布局、内部电子元件的优化布局、金属连线和通孔的优化布局、电磁保护、热耗散等各种因素，这里就不做过多说明了。

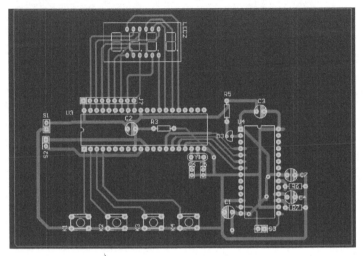

图 24-9　PCB 版图

 实物测试

按照 PCB 版图，在实际板子上进行各个元器件的焊接，焊接完成后，如图 24-10 所示。

图 24-10　报站器器实物图

 元器件清单

元器件清单如表 24-1 所示。

表 24-1　元器件清单

序号	名　称	元器件规格	数量	元器件编号
1	单片机	STC89C52	1	U3
2	电解电容	10μF、30V	1	C2
3	电解电容	4.7μF、16V	1	C4
4	电解电容	47μF、16V	2	C3、C7
5	排阻	1kΩ	1	J1
6	电阻	10kΩ	1	R3
7	瓷片电容	22pF	2	C5、C6
8	发光二极管	LED	1	D3
9	按键	微动开关	4	K1、K2、K3、K4
10	ISD 语音模块	ISD1730	1	U4
11	电阻	100kΩ	1	R6
12	电阻	470Ω	1	R7
13	晶振	12MHz	1	Y1
14	数码管	4bit	1	LED2

电路实际测量结果分析：上电后，依次测试 4 个按键，其功能依次为下站报站、上站报站、重复报站、复位，且语音录放电路能够正常输出报站信息，完全满足设计要求。

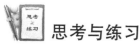

思考与练习

（1）在本设计中，如何设计语音录放电路？

答：本设计采用 ISD1730 语音芯片设计语音录放电路，其相较于 ISD2560 语音芯片功能更强大，可由按键直接控制语音的录放等，电路工作稳定、可靠性高，完全满足设计要求，具有非常好的实用性。

（2）在本设计中，如何调整电路执行不同的命令？分别有哪些功能命令？

答：本设计通过单片机程序读取 4 个按键开关当前状态，利用按键开关来选择电路当前执行状态。其功能依次为下站报站、上站报站、重复报站、复位。

（3）数码管主要分为哪两种？本设计使用了哪种？

答：数码管可分为共阴数码管、共阳数码管两种类型。本设计使用的是 4 位共阳数码管，应注意其与共阴数码管间的区别。

特别提醒

（1）4 位数码管引脚连接较为复杂，注意其位选及段选信号线的连接。

（2）注意在 ISD1730 等元器件输出口后等各关键位置添加测试点，以便调试。

项目 25 计分器电路设计

设计任务

基于单片机设计一个能实现记录两个队伍比分的计分器。

基本要求

本电路采用 4.5V 电源供电，通过按键实现对比分的控制：

☺ 给甲、乙两队分别设置加分按钮，实现给甲、乙两队加分；

☺ 给甲、乙两队分别设置减分按钮，实现给甲、乙两队减分；

☺ 设置一个复位按钮，按下该按钮可实现甲、乙队总分清零；

☺ S7 按键可以被转换为计时模式，满足一些有计时需求的比赛。

总体思路

由 STC89C52 芯片控制的，控制电路、晶振电路、复位电路和电源指示灯组成单片机的最小系统。单片机 P0 接上拉电阻，驱动 4 位共阴数码管；按键电路可以实时控制比分。

系统组成

整个系统主要分为 3 部分：

☺ 按键电路部分；

☺ 控制电路部分；

☺ 显示电路部分。

整个系统方案的模块框图如图 25-1 所示。

图 25-1 整个系统方案的模块框图

 模块详解

1. 按键电路

按键电路如图 25-2 所示，通过按键对比分进行调整，显示比赛实时分数。

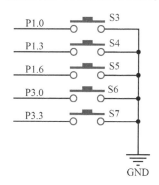

图 25-2 按键电路

2. 控制电路

控制电路原理图如图 25-3 所示。单片机就是按键与数码管之间的连接部分，将两者的功能体现出来。电容 C1、电阻 R2 及开关 S2 构成单片机的复位电路，CR1 与 C2、C3 构成晶振电路，公共端 P0 接 1kΩ 的上拉电阻。

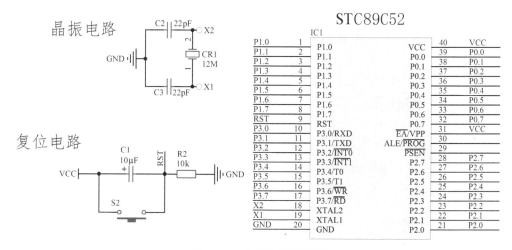

图 25-3 控制电路原理图

3. 显示电路

显示电路原理图如图 25-4 所示。显示电路部分是由一个 4 位共阴数码管构成的，前两位显示甲队分数，后两位显示乙队分数，中间通过小数点隔开。

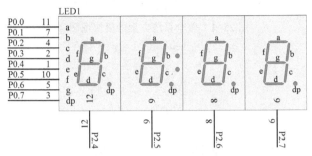

图 25-4　显示电路原理图

4. 流程图

计分器电路程序流程图如图 25-5 所示。

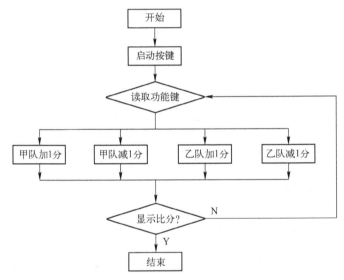

图 25-5　计分器电路程序流程图

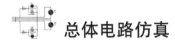

总体电路仿真

电路原理图如图 25-6 所示。经过测试，该电路能实现对甲乙两队比分的增减，还可以实现一些计时功能，电路满足设计要求。

PCB 版图

PCB 版图如图 25-7 所示。

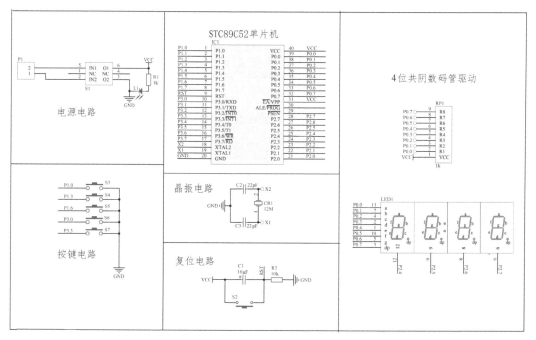

图 25-6　电路原理图

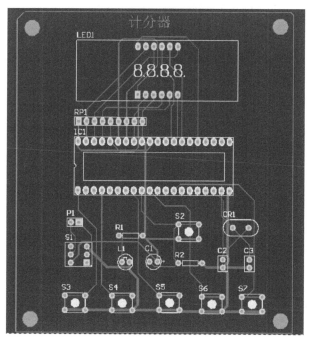

图 25-7　PCB 版图

 实物照片

计分器实物图如图 25-8 所示。

287

图 25-8　计分器实物图

计分器测试照片如图 25-9 所示。

图 25-9　计分器测试照片

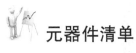 元器件清单

部分元器件清单如表 25-1 所示。

表 25-1　部分元器件清单

序号	名　称	数量	元器件规格	元器件编号
1	STC89C52	1	—	IC1
2	IC 座	1	40 引脚	IC1

序号	名　　称	数量	元器件规格	元器件编号
3	单排针、直针	1	2 引脚	P1
4	蓝白自锁开关	1	8mm×8mm	S1
5	四脚轻触开关	6	6×6mm×5mm	S2～S7
6	电解电容	1	10μF	C1
7	瓷片电容	2	15pF	C2、C3
8	电阻	1	470Ω	R1
9	电阻	1	1MΩ	R2
10	49S 无源晶振	1	12MHz	CR1
11	排阻	1	1kΩ	RP1
12	LED	1	发红光	L1
13	4 位共阴数码管	1	红色	LED1

程序设计

```c
#include <reg52. h>
#define uchar unsigned char            //宏定义 uchar
#define uint unsigned int              //宏定义 uint

sbit key1 = P1^0;                      //将 P1.0 定义为 key1
sbit key2 = P1^3;                      //将 P1.1 定义为 key2
sbit key3 = P1^6;                      //将 P1.2 定义为 key3
sbit key4 = P3^0;                      //将 P1.3 定义为 key4
sbit key5 = P3^3;                      //将 P1.5 定义为 key5

sbit wela1 = P2^7;                     //将 P2.7 定义为 wela1
sbit wela2 = P2^6;                     //将 P2.6 定义为 wela2
sbit wela3 = P2^5;                     //将 P2.5 定义为 wela3
sbit wela4 = P2^4;                     //将 P2.4 定义为 wela4

uchar table[] = {0x3F,0x06,0x5B,0x4F,0x66,0x6D,0x7D,0x07,0x7F,0x6F};
//定义第 1、3、4 段段码
uchar table1[] = {0xbF,0x86,0xdB,0xcF,0xe6,0xeD,0xfD,0x87,0xfF,0xeF};
//定义第 2 段段码
uint    jdgw,                          //定义甲队分数个位
        jdsw,                          //定义甲队分数十位
        ydgw,                          //定义乙队分数个位
        ydsw,                          //定义乙队分数十位
        numa=0,                        //定义甲队分数
        numb=0;                        //定义甲队分数
uchar showmode=1;
bit flag=1;
char min=30,sec=0,limiao=0;
```

```
/*******************************************
          延迟函数(1ms)
*******************************************/
void delay(uchar z)
{
    uchar x;
    for(z;z>0;z--)
        for(x=110;x>0;x--);
}
/*******************************************
          显示函数
*******************************************/
void display()
{
    if(showmode==2){
    jdgw = numa%10;              //得到甲队分数个位
    jdsw = numa/10;              //得到甲队分数十位
    ydgw = numb%10;              //得到乙队分数个位
    ydsw = numb/10;              //得到乙队分数十位

    P0 = table[ydgw];            //由 P0 送段码
    wela1 = 0;                   //打开位选端
    delay(5);
    wela1 = 1;                   //关闭位选端

    P0 = table[ydsw];            //由 P0 送段码
    wela2 = 0;                   //打开位选端
    delay(5);
    wela2 = 1;                   //关闭位选端

    P0 = table1[jdgw];           //由 P0 送段码
    wela3 = 0;                   //打开位选端
    delay(5);
    wela3 = 1;                   //关闭位选端

    P0 = table[jdsw];            //由 P0 送段码
    wela4 = 0;                   //打开位选端
    delay(5);
    wela4 = 1;                   //关闭位选端
    }
    if(showmode==1)
    {
    jdgw = min%10;               //得到甲队分数个位
    jdsw = min/10;               //得到甲队分数十位
    ydgw = sec%10;               //得到乙队分数个位
    ydsw = sec/10;               //得到乙队分数十位

    P0 = table[ydgw];            //由 P0 送段码
    wela1 = 0;                   //打开位选端
    delay(5);
    wela1 = 1;                   //关闭位选端
```

```c
        P0 = table[ydsw];                //由 P0 送段码
        wela2 = 0;                       //打开位选端
        delay(5);
        wela2 = 1;                       //关闭位选端

        if(flag==1)P0 = table1[jdgw];    //由 P0 送段码
        else P0 = table[jdgw];

        wela3 = 0;                       //打开位选端
        delay(5);
        wela3 = 1;                       //关闭位选端

        P0 = table[jdsw];                //由 P0 送段码
        wela4 = 0;                       //打开位选端
        delay(5);
        wela4 = 1;                       //关闭位选端
    }
}
/*******************************************
        初始化
*******************************************/
void init()
{
    TMOD=0x01;                           //设置定时器 0 为工作方式
    TH0=(65536-10000)/256;               //设置初值
    TL0=(65536-10000)%256;
    EA=1;                                //开总中断
    ET0=1;                               //开启 T0 中断
}
/*******************************************
        主函数
*******************************************/
void main()
{
    init();
    while(1)                             //主循环
    {
        display();                       //显示
        if(key5 == 0)                    //按键是否按下
        {
            delay(5);                    //防抖
            if(key5 == 0)                //确认按键是否按下
            {
                showmode++;
                if(showmode==3)showmode=1;
                while(key5 == 0);
            }
        }

        if(showmode==2){
        if(key1 == 0)                    //按键是否按下
        {
```

291

```
        delay(5);                          //防抖
        if(key1 == 0)                      //确认按键是否按下
        {
            delay(5);
            numa++;                        //甲队分数加 1
            if(numa >= 99)                 //分数大于 500,清零
                numa = 0;
            while(key1 == 0);
        }
    }
    if(key2 == 0)
    {
        delay(5);
        if(key2 == 0)                      //按键是否按下
        {
            delay(5);                      //防抖
            if(numa == 0)                  //确认按键是否按下
            numa = 1;
            numa--;                        //甲队分数减 1
            while(key2 == 0);
        }
    }
    if(key3 == 0)                          //按键是否按下
    {
        delay(5);                          //防抖
        if(key3 == 0)                      //确认按键是否按下
        {
            delay(5);
            numb++;                        //乙队分数加 1
            if(numb >= 99)                 //分数大于 100,清零
                numb=0;
            while(key3 == 0);
        }
    }
    if(key4 == 0)                          //按键是否按下
    {
        delay(5);                          //防抖
        if(key4 == 0)                      //确认按键是否按下
        {
            delay(5);
            if(numb == 0)
            numb = 1;
            numb--;                        //乙队分数减 1

            while(key4 == 0);
        }
    }
}


if(showmode == 1){
    if(key1 == 0)                          //按键是否按下
    {
```

```
            delay(5);                       //防抖
            if(key1 == 0)                   //确认按键是否按下
              {
                  delay(5);
                  min++;
                  if(min >= 60) min = 60;
                  while(key1 == 0);
              }
          }
      if(key2 == 0)
        {
            delay(5);
            if(key2 == 0)                   //按键是否按下
              {
                  delay(5);                 //防抖
                  if(min == 0)min = 1;
                  min--;
                  while(key2 == 0);
              }
        }
      if(key3 == 0)                         //按键是否按下
        {
            delay(5);                       //防抖
            if(key3 == 0)                   //确认按键是否按下
              {
                  delay(5);
                  TR0 = ~ TR0;
                  if(TR0 == 0)flag = 1;
                  while(key3 == 0);
              }
        }
      if(key4 == 0)                         //按键是否按下
        {
            delay(5);                       //防抖
            if(key4 == 0)                   //确认按键是否按下
              {
                  delay(5);
                  numa = 0;
                  numb = 0;
                  min = 30;
                  sec = 0;
                  flag = 1;
                  TR0 = 0;
                  while(key4 == 0);
              }
          }
      }
  }
}
/ * * * * * * * * * * * * * * * * * * * * * * * * * * * * * * *
      定时器中断处理函数
  * * * * * * * * * * * * * * * * * * * * * * * * * * * * * * * /
```

```
void timer0( )  interrupt 1
{
    TH0 = (65536 - 10000)/256;                    //重设初值
    TL0 = (65536 - 10000)%256;
    limiao++;
    if(limiao = = 50)flag = !flag;
    if(limiao = = 100){
        limiao = 0;
        flag = ~ flag;
        sec−−;
        if(sec< = 0){
            sec = 59;
            min−−;
            if(min< = 0)min = 0;
        }
    }
}
```

 思考与练习

（1）如何驱动 4 位共阴数码管？

答：STC89C52 的输出电流能力很弱，吸收电流能力很强。因此采用共阴数码管时要连接负载来驱动，P0 要外加上拉电阻（1kΩ）。

（2）由于本设计中按键较多，区分各个按键的功能。

答：按键 S3 和 S4 可以实现对甲队的加减分，S5 和 S6 可以实现对乙队的加减分，S7 可以被切换到计时模式。

（3）单片机复位电路的设计。

答：由于复位时高电平有效，在刚接上电源的瞬间，电容两端相当于短路，即相当于给 RESET 引脚一个高电平，等充电结束时（这个时间很短暂），电容相当于断开，这时已经完成了复位动作。

 特别提醒

（1）在放置电解电容时一定要注意正负极，否则可能有危险。

（2）设计完成后要对电路进行测试分析，检查 PCB 有无短路情况。

备注：软件工具为 Altium Designer 15.0。